U0151298

工程软件职场应用实例精析丛书

Mastercam 后处理
入门与应用实例精析

陶圣霞　编著

机 械 工 业 出 版 社

本书详细讲解了 Mastercam 后处理的基础知识和应用实例。全书共 10 章，基础知识涉及 MP 语言基本语法、系统函数等知识，应用实例部分通过具体实例帮助读者理解 MP 语言抽象概念，并掌握基本的编辑与修改方法，从而初步形成解决实际问题的能力。本书附赠书中实例源代码和补充知识点视频（用手机扫描前言中的二维码获取）。同时为便于读者学习，本书还赠送 PPT 课件，请联系 QQ296447532 获取。

本书适合企业从事数控加工的初中级技术人员、刚毕业或即将毕业的数控技术应用专业学生、培训机构的教师和学员阅读。

图书在版编目（CIP）数据

Mastercam 后处理入门与应用实例精析/陶圣霞编著. —北京：
机械工业出版社，2019.3（2025.2 重印）
（工程软件职场应用实例精析丛书）
ISBN 978-7-111-62141-6

Ⅰ. ①M… Ⅱ. ①陶… Ⅲ. ①数控机床—加工—计算机辅助设计—应用软件 Ⅳ. ①TG659-39

中国版本图书馆 CIP 数据核字（2019）第 036830 号

机械工业出版社（北京市百万庄大街 22 号　邮政编码 100037）
策划编辑：周国萍　　　责任编辑：周国萍　刘本明
责任校对：刘雅娜　　　封面设计：马精明
责任印制：张　博
北京建宏印刷有限公司印刷
2025 年 2 月第 1 版第 6 次印刷
184mm×260mm·12 印张·286 千字
标准书号：ISBN 978-7-111-62141-6
定价：69.00 元

电话服务　　　　　　　　网络服务
客服电话：010-88361066　机　工　官　网：www.cmpbook.com
　　　　　010-88379833　机　工　官　博：weibo.com/cmp1952
　　　　　010-68326294　金　书　网：www.golden-book.com
封底无防伪标均为盗版　　机工教育服务网：www.cmpedu.com

前　言

　　后处理系统是 CAD/CAM 的重要组成部分，主要任务是将 CAD/CAM 预处理的刀位源文件转换成数控机床可执行的 NC 代码[1]，从而让机床充分发挥生产效率。后处理是数控加工中一个重要的环节，也是数控编程中一项关键核心技术。

　　后处理虽然重要，但对多数人来说却很陌生。工作中很多人因不了解后处理环节，经常遇到由此引发的加工问题，如加工效率低、加工质量差、零件报废、机床碰撞等。如何有效地解决这些问题，就是本书要探讨的主要内容。

　　本书共 10 章：第 1～6 章以够用为原则，介绍后处理基础知识；第 7～10 章从易到难，介绍具体应用实例，帮助读者进一步理解后处理语言，并掌握基本的编辑与修改方法和技巧，从而形成解决实际问题的能力。

　　本书特色：

　　1) **实用性强。**书中的实例来自工程应用，能够让读者快速掌握后处理的修改和定制方法，从而解决数控加工中因后处理而导致的各种难题。

　　2) **与实践相结合。**本书采用理论和实践相结合的编写方法，先系统全面地介绍基础理论，再以各种数控设备实际应用需求引出解决问题的办法，使读者对所学知识掌握透彻，达到学以致用的目的。

　　3) **贯穿专业的应用技巧。**本书从实际应用需求出发，讲解知识点时贯穿了专业的应用技巧和方法，从而使每一个阅读本书的读者少走弯路，快速上手。

　　4) **多媒体资源。**附赠书中实例源代码和补充知识点视频（用手机扫描下面二维码获取）。读者在学习过程中如遇到疑问，可加入读者学习群进行交流，还可以参加作者定期组织的网上答疑和网上公开课。为便于读者学习，本书还赠送 PPT 课件，请联系 QQ296447532 获取。

　　本书适合企业从事数控加工的初中级技术人员、刚毕业或即将毕业的数控技术应用专业学生阅读，也可供相关培训机构的教师和学员参考。

　　编著者在写作本书的过程中得到很多人的帮助。在此感谢曾经指导过我的导师，感谢参与本书校对和出版的工作人员，感谢家人和朋友给予的帮助与支持！由于编著者学识有限，书中难免有不足和错误之处，真诚期盼广大读者批评指正。

编著者

目　　录

第1章

概述

内 容

本章将介绍后处理的概念与发展历程，重点介绍 Mastercam 后处理系统的组成、工作原理及流程、NCI 和 PST 文件内容等。

目 的

通过本章学习使读者建立后处理的基本概念，理解 Mastercam 后处理系统的组成，理解 NCI 和 PST 文件所包含的内容，为系统学习后面章节的知识打下基础。

1.1 什么是后处理

随着计算机和数控技术的发展，目前国内外数控编程已经普遍采用 CAM 自动编程方法。具体方法是：先通过 CAD/CAM 系统中交互编程模块，根据加工工艺选择切削策略，输入切削参数生成刀路，然后检查走刀路线，当确定好走刀路线后预处理相关数据，接着通过后处理器生成 NC 文件，最后将 NC 文件传入数控机床使用。整个过程如图 1-1 所示。

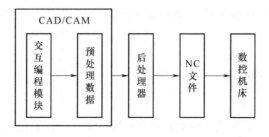

图 1-1 自动编程流程

后处理（Post Processing），就是将 CAD/CAM 预处理的刀位源文件转换成数控机床可执行的 NC 代码的过程，这个过程也称后置处理。

在数控加工中，后处理是至关重要的环节。即使软件前置参数设置得再好，如果没有合适的后处理，势必会导致一系列问题，轻者造成加工效率低、加工质量差、设备开动率低，重者导致零件报废、机床碰撞等事故的发生。

后处理系统是 CAD/CAM 的重要组成部分，按与 CAD/CAM 系统的集成方式分类，大致可以分为原厂后处理系统、第三方集成后处理系统和独立专用后处理系统三类。

（1）原厂后处理系统　目前，多数 CAD/CAM 软件均提供原厂后处理系统，例如 CAXA 的制造工程师后处理模块、Mastercam 的 MP 模块、UG 的 UG-Post 模块。原厂后处理系统具有技术和市场上的优势。

（2）第三方集成后处理系统　由于数控机床种类繁多，配置的数控系统又各种各样，加上对后处理的需求又不尽相同，因而，原厂很难有精力配套齐全所有后处理功能。于是，便出现了第三方集成后处理系统。例如，CATIA 可以集成 IMPost 第三方后处理系统。这类后处理系统具有专业化程度高的特点。

（3）独立专用后处理系统　独立专用后处理系统，一般指采用高级语言开发的、能直接将刀位源文件转换成 NC 代码的各种后处理工具。这类后处理系统通常应用在特定设备上。随着国内外对后处理理论和技术研究的不断深入，这类专用的后处理系统不计其数，其功能和性能不逊于原厂后处理系统和第三方集成后处理系统，它们在生产实践中同样也能发挥巨大效益。

1.2　后处理发展历程

最早的后处理系统起源于 20 世纪 50 年代，是由麻省理工学院设计的 APT（Automatically Programmed Tools）自动编程系统。在 APT 中，后处理采用批处理方式将前置处理语句翻译成数控代码[2, 3]。

APT 系统庞大，比较难掌握，设计和加工之间由图样传递信息，不易实现设计和制造一体化发展。在这样的背景下，到 20 世纪 70 年代末出现了 CAD/CAM。在随后几十年的发展中，CAM 自动编程逐渐取代了 APT 自动编程。后处理作为 CAM 的一部分，在这段发展时期已经逐步形成标准化模式。

自 20 世纪 90 年代后，CAD/CAM 技术向着标准化、可视化、集成化、智能化方向发展，后处理技术也随之发展到成熟的阶段。现在的后处理系统具有通用性、集成性和扩展性等特点，其适用范围也不仅局限在数控机床上，还可适用于其他行业，例如机器人、3D 打印等。

1.3　Mastercam 简介

Mastercam 是美国 CNC Software Inc.公司开发的基于 PC 平台的 CAD/CAM 软件，第一个版本发行于 1984 年，目前最新版本是 Mastercam 2019。新版软件模块包含设计、车削、铣削、木雕、车铣复合、线切割。软件不仅功能齐全，还具有易学易用、后处理质量好等特点。此外，软件还融合了多种先进的加工理念，这些加工理念在实际生产中意义明显。例如，典型的动态铣削技术可以显著地提高加工效率。随着数控行业的不断发展，Mastercam 已被广泛应用于生产、科研、教育等领域。

1.4 Mastercam 后处理

Mastercam 后处理系统分为 MP 和 MP.NET 两种。MP 是 Mastercam 传统后处理系统，发行至今已经是第 21 个版本。MP 具有功能强大、修改方便、应用广泛等优点。本书后续内容及实例，均以 Mastercam 2019 版 MP 进行讲解。MP.NET 是自 X6 版本以后推出的、针对多通道复合机床而设计的新一代后处理系统。与 MP 相比，MP.NET 增强了多通道数据流处理和交互式界面功能。

1. MP 系统组成

MP 由参数数据、NCI 文件、PST 文件、MP.dll 编译器构成。

1）参数数据，包含刀路操作、刀具、机床定义、控制器定义、机床群组等参数。

2）NCI 文件，包含刀具运动点位坐标、切削参数、加工工艺等信息。

3）PST 文件，是用 MP 语言自定义的后处理文件，用来定义怎样生成 NC 代码。

4）MP.dll 编译器，即后处理引擎。

2. MP 工作原理及流程

如图 1-2 所示，后处理引擎通过读取前置参数数据、NCI 文件和 PST 文件，经过处理后生成 NC 代码，大致的工作流程分为：

1）预处理前置数据。预处理参数数据、NCI 数据。

2）准备处理数据。解析 PST 文件，读入参数数据、NCI 数据，准备处理数据。

3）正常处理数据。循环处理 NCI 数据，并输出 NC 代码。

4）结束处理数据。结束循环处理 NCI 数据，关闭 NC 文件。

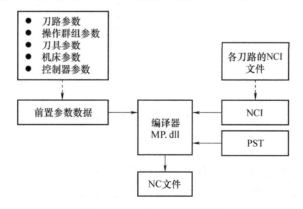

图 1-2　MP 工作原理及流程

3. MP 程序的执行

如图 1-3 所示，后处理程序可通过单击"刀路"管理面板上方的"G1"图标按钮来执行，具体操作步骤为：

1）选中目标操作。可以单选，也可以多选。

2）选中目标后，单击"G1"图标按钮，访问后处理执行程序。

3）在弹出的"后处理程序"对话框中，勾选"NC 文件"和"编辑"选项。

4）单击"√"，执行后处理程序，运行结果如图 1-4 所示。

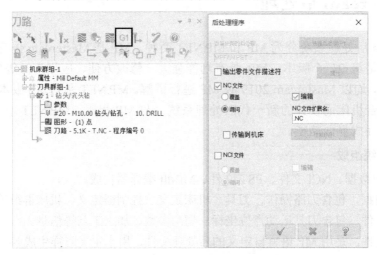

图 1-3 "后处理程序"对话框

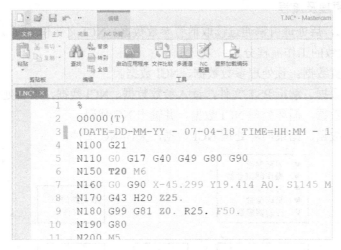

图 1-4 后处理运行结果

4. MP 调试器

MP 调试器主要用来监视变量、分析后处理执行过程与执行结果。它支持单步执行、断点调试和后处理块追踪等功能。由于它可以追踪后处理执行过程，对于初学者来说，也可以把它当作学习后处理的工具使用，这样可以快速理解 MP 的运行机制与运行过程。

使用调试器时要注意，在默认情况下调试功能是关闭的。如要开启调试模式，可按以下步骤开启调试功能：

1）单击键盘中的"Windows"键，打开"开始"菜单，并找到"Mastercam 2019"快捷菜单，如图 1-5 所示。

2）单击"Mastercam 2019"快捷菜单，在弹出的下拉菜单中选择"高级设置"，弹出图 1-6 所示的"Mastercam 高级设置"对话框，在对话框左侧的树形列表中选择"Post support"选项，在右侧更新后的属性表中设置"Post debugger"属性为"Enable"。

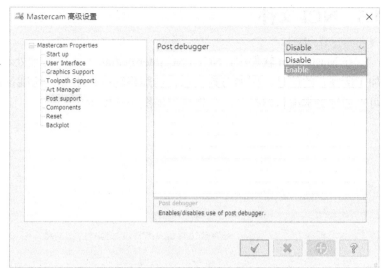

图1-5 "Mastercam 2019"快捷菜单　　　　图1-6 "Mastercam 高级设置"对话框

　　开启调试功能后,在运行后处理程序时,"后处理程序"对话框中会多出一个甲壳虫形状的图标按钮,如图 1-7 所示。单击该图标即可启动调试器,进入如图 1-8 所示的调试器主界面。

　　调试器主界面由菜单、工具条、调试主窗口这三部分组成。调试器主要调试功能有运行、单步运行、暂停、停止、步入、步过、下断点、增加监视等。调试器主窗口可以包含多个子窗口,例如 PST、NC、NCI、错误日志、变量及后处理块、监视变量等子窗口。这些子窗口可以重叠放置,也可以水平分割平铺放置,还可以垂直分割平铺放置。

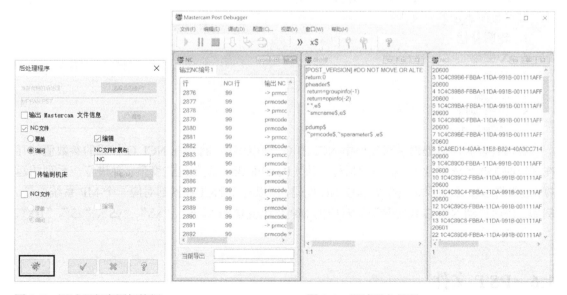

图1-7 调试器程序图标按钮　　　　　　图1-8 调试器主界面

1.5　NCI 文件

在 Mastercam 软件中，NCI（NC Intermediate）文件是预处理的中间数据文件。它包含了加工所需要的信息，例如刀具信息、切削移动点位坐标、切削参数、工艺信息等。NCI 文件可以通过文本编辑器打开，文件内容如图 1-9 所示。

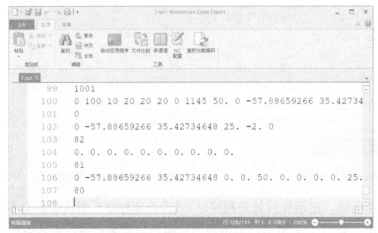

图 1-9　NCI 文件内容

NCI 的数据格式有别于传统 APT 的格式，它是一种特殊的格式，由若干个数据组别构成，每组数据占两行，第一行为 NCI G 代码，第二行为 NCI G 代码参数。

例如，快速移动 NCI G 代码数据格式为：

0　（第一行表示 NCI G 代码）

1　2　3　4　5　6　（第二行表示 NCI G 代码参数）

其参数所表示的含义为：

1　轮廓补偿

2　X 坐标

3　Y 坐标

4　Z 坐标

5　进给速度

6　控制标志

在后处理时，后处理引擎先根据 NCI 的 G 代码编码，将当前 NCI G 代码的参数值储存在对应的 MP 系统变量中，然后由后处理块（Post blocks）调用这些变量，并进行一系列的运算，最终将 NCI 中的原始数据处理成 NC 代码，所以每个 NCI 数据都对应一个 MP 系统变量。例如，快速移动 NCI G 代码参数所对应的 MP 系统变量为"cc\$"、"x\$"、"y\$"、"z\$"、"fr\$"、"cur_cflg\$"。

1.6　PST 文件

PST 文件是用 MP 语言自定义的后处理文件，它由后处理引擎解释执行。PST 文件主要用来定义怎样生成 NC 代码，并且能使生成的 NC 代码满足数控系统需求。PST 文件是可编辑的文本文件，其内容可以通过代码编辑器进行编辑和修改。

PST 文件由四部分组成：

1. 文件头

如图 1-10 所示，文件头由版本行和文件头注释组成。第一行是版本信息，它包含后处理文件版本信息、升级信息和适用模块信息。文件头注释是一些以"#"字符开头的关于后处理的总体说明，一般包含后处理文件名称、修订信息、功能介绍、使用方法与注意事项等。

```
[POST_VERSION] #DO NOT MOVE OR ALTER THIS LINE# V21.00 P0 E1 W21.00
T1476459304 M21.00 I0 O0
# Post Name        : KND.pst
# Product          : Mill
# Machine Name     : Generic
# Control Name     : Fanuc 4x
# Description      : Fanuc 4 Axis Mill Post
# 4-axis/Axis subs. : Yes
# 5-axis           : No
# Subprograms      : Yes
# Executable       : MP 20.0
# WARNING: THIS POST IS GENERIC AND IS INTENDED FOR MODIFICATION TO
# THE MACHINE TOOL REQUIREMENTS AND PERSONAL PREFERENCE.
# THIS POST REQUIRES A VALID 3 OR 4 AXIS MACHINE DEFINITION.
# THE ACTIVE AXIS COMBINATION WITH READ_MD SET TO YES.
# Associated File List$
# Associated File List$
# -------------------------------------------------------------------------
# Revision log:
# -------------------------------------------------------------------------
# Programmers Note:
# 07/09/05   -   Initial post update for Mastercam X.
# 06/26/06   -   Initial post update for Mastercam X2.
# 11/02/07   -   Added prv_shftdrl$ = zero
# 08/05/08   -   no changes made
# 03/05/09   -   Initial post update for Mastercam X4.
# 05/06/09   -   Modified rotary axis clamping
# 06/18/09   -   Correct the can text order of Stop and Ostop
# 02/03/10   -   Initial post update for Mastercam X5.
```

图 1-10　文件头

2. 声明语句

如图 1-11 所示，声明语句由变量声明和初始化、数字格式定义、变量输出格式分配、字符串选择、查表定义等语句构成。

1）变量声明和初始化语句，用来声明和初始化系统预定义的、用户自定义的变量。

2）数字格式定义语句，用来定义各种数字格式，并为每种格式分配一个数字编号。

3）变量输出格式分配语句，可为变量分配输出数字格式，并可增加前缀和后缀字符串。

4）字符串选择语句，可根据数字变量的数值选择输出字符串，以满足选择输出应用需求。

5）查表定义语句，用来定义数据表并预设数据表的数据。

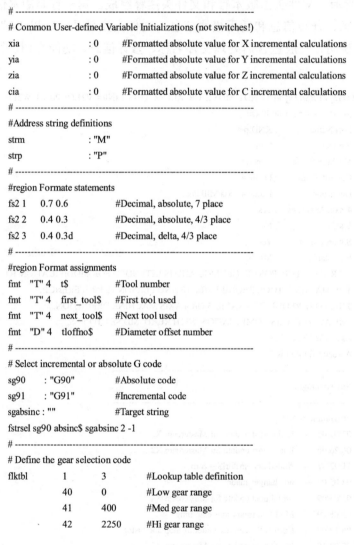

```
# -------------------------------------------------------------
# Common User-defined Variable Initializations (not switches!)
xia              : 0         #Formatted absolute value for X incremental calculations
yia              : 0         #Formatted absolute value for Y incremental calculations
zia              : 0         #Formatted absolute value for Z incremental calculations
cia              : 0         #Formatted absolute value for C incremental calculations
# -------------------------------------------------------------
#Address string definitions
strm             : "M"
strp             : "P"
# -------------------------------------------------------------
#region Formate statements
fs2 1    0.7 0.6            #Decimal, absolute, 7 place
fs2 2    0.4 0.3            #Decimal, absolute, 4/3 place
fs2 3    0.4 0.3d           #Decimal, delta, 4/3 place
# -------------------------------------------------------------
#region Format assignments
fmt   "T" 4   t$            #Tool number
fmt   "T" 4   first_tool$   #First tool used
fmt   "T" 4   next_tool$    #Next tool used
fmt   "D" 4   tloffno$      #Diameter offset number
# -------------------------------------------------------------
# Select incremental or absolute G code
sg90    : "G90"            #Absolute code
sg91    : "G91"            #Incremental code
sgabsinc : ""              #Target string
fstrsel sg90 absinc$ sgabsinc 2 -1
# -------------------------------------------------------------
# Define the gear selection code
flktbl      1       3      #Lookup table definition
           40       0      #Low gear range
           41     400      #Med gear range
           42    2250      #Hi gear range
```

图 1-11　声明语句

3．后处理块

如图 1-12 所示，后处理块由系统预定义的、用户自定义的后处理块构成。在 MP 内核中，虽然预定义了一些后处理块，但是默认情况下，这些块不含具体的处理功能，因此预定义的后处理块和自定义的后处理块一样，也需要定义一些语句，并通过一些算法来实现目标功能。

```
pheader$              #Call before start of file
        if subs_before, " ", e$
        else, "%", e$
        sav_spc = spaces$
        spaces$ = 0
        *progno$, sopen_prn, sprogname$, sclose_prn, e$
        sopen_prn, "DATE=DD-MM-YY - ", date$, " TIME=HH:MM - ", time$, sclose_pr, e$
        spathnc$ = ucase(spathnc$)
        smcname$ = ucase(smcname$)
        stck_matl$ = ucase(stck_matl$)
        snamenc$ = ucase(snamenc$)
        spaces$ = sav_spc
#endregion
#region start of file [...]
#region tool change [...]
#region Work offsets, gear selection
#region Tool change setup, spindle speed, tool end
#region Motion output
#region Drilling
#region Calculations
......
```

图 1-12　后处理块

4．后处理文本

如图 1-13 所示，后处理文本是后处理文件的组成部分。文本内容采用 XML 格式来描述，主要用来定义杂项变量、钻孔固定循环、自定义钻孔参数在对话框中的显示名称，以适应定制化应用需求。

```
[CTRL_TEXT_XML_BEGIN]   # Post text edits MUST be made with Control Definition Manager.
The entire post must be encoded in the local code page plus the XML below despite UTF-8 tag.
<?xml version="1.0" encoding="UTF-8"?>
<mp_xml_post_text>
<control>
<control_label>CTRL_MILL|DEFAULT</control_label>
<language>en-US</language>
<misc_integers>
<misc_1>
<text>Work Coordinates [0-1=G92, 2=G54's]</text>
```

图 1-13　后处理文本

1.7　参数数据

参数数据（Parameter Information）是软件预设的用户输入的原始数据，它包含刀路操作参数、刀具参数、机床定义参数、控制器定义参数和机床群组参数。参数数据是后处理补充数据，只有通过专用函数才能对它们进行访问或读取操作。

参数数据和 NCI 数据相似，也是由若干个组别构成，每组数据同样有一个唯一的编号，编号范围见表 1-1。这些参数数据，除了刀具参数数据存储在 NCI 文件中，其余的参数数据均存储在 MCX 文件中。

表1-1　参数数据编号范围

参 数 数 据	编 号 范 围
刀路操作参数数据	10000～16999
刀具参数数据	20000～29999
机床定义参数数据	17000～17999
控制器定义参数数据	18000～18999
机床群组参数数据	19000～19999

有时候，为了满足特殊应用需求，需要知道参数的具体编号和数值。这时，可以通过查阅《MP 参数手册》的方式来获取信息，也可以先利用函数导出所有参数数据，再通过文本编辑器中的查找功能查询目标信息。

补充知识点视频：光盘:\视频\01 导出参数的方法.mp4

实例 1-1

利用函数导出刀路操作、机床定义、控制器定义、机床群组参数数据

【解题思路】在 pheader$块中调用 opinfo、mdinfo、cdinfo、groupinfo 函数，通过 dump$块输出参数编号和参数数据。

编写程序：

```
[POST_VERSION] #DO NOT MOVE OR ALTER THIS LINE# V21.00 P0 E1 W21.00 T1447190134
M21.00 I0 O0
#功能:导出参数
#代码源文件:源代码/第 1 章/1.7 导出参数/dump parameter.pst
return:0
pheader$
    return=opinfo(-2)        #导出刀路操作参数
    return=mdinfo(-2)        #导出机床定义参数
    return=cdinfo(-1)        #导出控制器定义参数
    return=groupinfo(-1)     #导出机床群组参数
pdump$
    ~prmcode$,~sparameter$ ,e$
```

运行结果如图 1-14 所示。

```
prmcode$ 10000, contour
prmcode$ 10002, 219
prmcode$ 10003, 219
prmcode$ 10004, 219
prmcode$ 10005, 10
prmcode$ 10006, 0
prmcode$ 10007, 1
prmcode$ 10010, 0
prmcode$ 10020, 50
prmcode$ 10021, 0
prmcode$ 10022, 8
prmcode$ 10023, 1
prmcode$ 10024, 10
prmcode$ 10025, 1
prmcode$ 10026, 1
…………
```

图 1-14　导出参数代码运行结果

1.8 本章小结

本章介绍了后处理的概念与发展历程，也说明了 MP 系统的组成、NCI 和 PST 文件所包含的内容，最后通过实例介绍了导出参数的方法。本章内容旨在使读者初步建立后处理的基本概念，为系统学习后面章节的知识打下基础。

第 2 章

NCI 代码

内　容

本章将介绍常见的 NCI 代码，重点说明 NCI 代码的数据组成、参数含义。

目　的

通过本章学习使读者理解 NCI 代码的概念，掌握常见 NCI 代码所包含的参数及参数的含义，了解各参数对应的系统变量的名称。

2.1　常见 NCI 代码

在 1.5 节中，介绍了 NCI 文件是描述加工信息的中间数据文件，它由一系列的 NCI G 代码组成。这些 NCI G 代码包含了刀具信息、点位坐标、切削参数等信息。本节将详细介绍常见的 NCI G 代码。

铣削模块常见的 NCI G 代码，按功能可分为移动代码、固定循环代码、操作代码和杂项代码，见表 2-1。

表 2-1　常见的 NCI G 代码

NCI G 代码	功　能	NCI G 代码	功　能
0	快速移动	999	操作开始
1	线性移动	1001	程序开始
2	顺时针圆弧移动	1000	操作不换刀
3	逆时针圆弧移动	1002	操作换刀
4	暂停和主轴变速	1003	程序结束
11	五轴移动	1011	实数杂项变量
80	取消固定循环	1012	整数杂项变量
81	起始钻孔固定循环	1014	刀具平面矩阵
100	重复钻孔固定循环		

下面对常用的 NCI G 代码按类别做进一步的说明。

2.2 移动代码

移动代码，包括快速移动代码、线性移动代码、圆弧移动代码、暂停和主轴变速代码，以及五轴移动代码。

2.2.1 快速移动代码

快速移动 NCI G 代码用来描述刀具快速移动信息，出现在进刀、退刀和返回原点等地方。代码由两行数据组成，例如：

0

0 -39.50844481 55.22816298 10. -2. 0

数据格式为：

0

1 2 3 4 5 6

第一行表示 NCI G 代码为 0，第二行表示 NCI G 代码的参数，共有 6 个，各参数对应的系统变量及其含义见表 2-2。

表 2-2　G 代码 0

NCI 参数	对应的系统变量	参数与变量含义
1	cc$	轮廓补偿
2	x$	X 坐标
3	y$	Y 坐标
4	z$	Z 坐标
5	fr$	进给速度
6	cur_cflg$	控制标志

说明：

1）参数 1 表示轮廓补偿，参数 1 的值常为 0，这是因为在快速移动时，通常不启用轮廓补偿。

2）参数 2~4 为 X、Y、Z 的坐标值。

3）参数 5 表示进给速度，参数 5 的值通常为 -2。

4）参数 6 为控制标志，也称轮廓标志位，主要用来标记轮廓的位置、轮廓补偿状态、切削液的状态等，参数 6 的值也常为 0。

2.2.2 线性移动代码

线性移动 NCI G 代码用来描述刀具直线插补信息，常出现在直线切削或直线轮廓逼近切削的地方。代码由两行数据组成，例如：

1

42 -39.50844481 45.22816298 0. -1. 2000

数据格式为

1

1 2 3 4 5 6

第一行表示 NCI G 代码为 1，第二行表示 NCI G 代码的参数，共有 6 个，各参数对应的系统变量及其含义见表 2-3。

表 2-3　G 代码 1

NCI 参数	对应的系统变量	参数与变量含义
1	cc$	轮廓补偿
2	x$	X 坐标
3	y$	Y 坐标
4	z$	Z 坐标
5	fr$	进给速度
6	cur_cflg$	控制标志

说明：

1）参数 1 表示轮廓补偿，当刀路启用轮廓补偿时，参数 1 的值可能是 40、41、42、140，分别表示取消控制补偿、控制器左补偿、控制器右补偿、最后轮廓取消控制器补偿。

2）参数 2～4 为 X、Y、Z 的坐标值。

3）参数 5 表示进给速度，参数 5 的值通常为进给速度值或 -1，其中 -1 表示进给速度不变，也就是等于先前路径点的进给速度。

4）参数 6 为控制标志，参数 6 的值会随着不同状态而改变。

2.2.3　顺时针圆弧移动代码

顺时针圆弧移动 NCI G 代码用来描述顺时针圆弧或螺纹加工信息。代码由两行数据组成，例如：

2

0 0 -52.02465093 -10.97570203 -62.02465093 -10.97570203 0. -1. 0 0

数据格式为

2

1 2 3 4 5 6 7 8 9 10

第一行表示 NCI G 代码为 2，第二行表示 NCI G 代码的参数，共有 10 个，各参数对应的系统变量及其含义见表 2-4。

表 2-4　G 代码 2

NCI 参数	对应的系统变量	参数与变量含义
1	plane$	平面标号
2	cc$	轮廓补偿
3	x$	X 坐标
4	y$	Y 坐标
5	xc$	圆心 X 绝对坐标
6	yc$	圆心 Y 绝对坐标
7	z$	Z 坐标
8	fr$	进给速度
9	cur_cflg$	控制标志
10	full_arc_flg$	全圆标志

1）参数 1 表示平面，参数 1 的值有 0、1、2 三种，分别表示 XY、YZ、XZ 平面。

2）参数 2 表示轮廓补偿，由于轮廓补偿的开始节点和结束节点一般不放在圆弧上，因此参数 2 的数值通常为 0。

3）参数 3、4、7 表示 X、Y、Z 的坐标值。

4）参数 5、6 表示圆心 X、Y 绝对坐标。

5）参数 8 表示进给速度，参数 8 的值通常为进给速度值或–1，其中–1 表示进给速度不变。

6）参数 9 为控制标志，参数 9 的值会随着不同状态而改变。

7）参数 10 为全圆标志，参数 10 的数值为 0 或 1，当数值为 1 时表示圆弧为 360° 全圆。

2.2.4 逆时针圆弧移动代码

逆时针圆弧移动 NCI G 代码用来描述逆时针圆弧或螺纹加工信息。代码由两行数据组成，例如：

3

0 0 -58.68132876 -0.71971817 -33.19700041 -0.71971817 0. -1. 1100 1

数据格式为

3

1 2 3 4 5 6 7 8 9 10

第一行表示 NCI G 代码为 3，第二行表示 NCI G 代码的参数，共有 10 个，各参数对应的系统变量及其含义见表 2-5。

表 2-5　G 代码 3

NCI 参数	对应的系统变量	参数与变量含义
1	plane$	平面标号
2	cc$	轮廓补偿
3	x$	X 坐标
4	y$	Y 坐标
5	xc$	圆心 X 绝对坐标
6	yc$	圆心 Y 绝对坐标
7	z$	Z 坐标
8	fr$	进给速度
9	cur_cflg$	控制标志
10	full_arc_flg$	全圆标志

2.2.5 暂停和主轴变速代码

暂停和主轴变速 NCI G 代码用来描述刀具无进给动作和主轴变速信息，常出现在螺旋进刀结束的地方。代码由两行数据组成，例如：

4

1. 2000 0

数据格式为

4

1 2 3

第一行表示 NCI G 代码为 4，第二行表示 NCI G 代码的参数，共有 3 个，各参数对应的系统变量及其含义见表 2-6。

表 2-6　G 代码 4

NCI 参数	对应的系统变量	参数与变量含义
1	dwell$	暂停时间
2	ss$	主轴转速
3	无	空位

说明：

1）参数 1 为暂停时间，参数 1 的数值为时间值，数值的单位由后处理决定。

2）参数 2 表示主轴转速，数值为正值，数值的单位为转/分。

2.2.6　五轴移动代码

五轴移动 NCI G 代码用来描述五轴联动加工信息，它包含了点位坐标、切削参数、刀轴方向等信息。代码由两行数据组成，例如：

11

8.05326588 -1.93547697 -23.40573204 7.8916675 -2.01643929 -18.409 763.6 40 0 0.99928749 0.01897657 0.03262525 2.89523006 -2.11132216 -18.57212625

数据格式为：

11

1 2 3 4 5 6 7 8 9 10 11 12 13 14 15

第一行表示 NCI G 代码为 11，第二行表示 NCI G 代码的参数，共有 15 个，各参数对应的系统变量及其含义见表 2-7。

表 2-7　G 代码 11

NCI 参数	对应的系统变量	参数与变量含义
1	x$	X 坐标
2	y$	Y 坐标
3	z$	Z 坐标
4	u$	U 坐标
5	v$	V 坐标
6	w$	W 坐标
7	fr$	进给速度
8	rev5$/cutpos$/cuttyp$	刀路参数
9	cur_cflg$	控制标志
10	p_sevc$	曲面法向矢量 P 分量
11	q_sevc$	曲面法向矢量 Q 分量

（续）

NCI 参数	对应的系统变量	参数与变量含义
12	r_sevc$	曲面法向矢量 R 分量
13	xsrf$	3D 补偿 X 坐标
14	ysrf$	3D 补偿 Y 坐标
15	zsrf$	3D 补偿 Z 坐标

说明：

1）参数 1～6 分别表示 X、Y、Z、U、V、W 坐标值，MP 根据这 6 个数值计算出刀轴 I、J、K 矢量。

2）参数 7 表示进给速度，参数 7 的数值为设定进给速度值、-1 或-2，其中-1 表示进给速度不变，也就是等于先前路径点的进给速度，-2 表示快速进给。

3）参数 8 为刀路参数，用于计算 rev5$、cutpos$、cuttyp$三个系统变量。

4）参数 9 为控制标志，参数 9 的值会随着不同状态而改变。

5）参数 10～12 为曲面矢量，分别表示 P、Q、R 分量。参数 10～12 的数值在快速移动时通常都为 0，这是因为快速移动中没有曲面法向矢量信息。参数 10～12 的数值在切削移动时，一般为正则化后的曲面法向矢量数值。

6）参数 13～15 为 3D 补偿时的切触点的 X、Y、Z 坐标值。

2.3　固定循环代码

固定循环代码，包括取消固定循环代码、起始钻孔固定循环代码、重复钻孔固定循环代码。

2.3.1　取消固定循环代码

取消固定循环 NCI G 代码由两行数据组成，数据格式为：

80

空数据

第一行表示 NCI G 代码为 80，第二行为空数据，没有参数。

2.3.2　起始钻孔固定循环代码

起始钻孔固定循环 NCI G 代码，用来描述钻孔、攻螺纹、铰孔、镗孔等固定循环操作加工第一个孔的加工信息。代码由两行数据组成，例如：

81

0 10. 20. -30. 0. 500. 0. 0. 0. 0. 50. -5. -10. 0. 10. 20. 50. 3000 0 0.

数据格式为

81

1 2 3 4 5 6 7 8 9 10 11 12 13 14 15 16 17 18 19 20

第一行表示 NCI G 代码为 81，第二行表示 NCI G 代码的参数，共有 20 个，各参数对应的系统变量及其含义见表 2-8。

表 2-8　G 代码 81

NCI 参数	对应的系统变量	参数与变量含义
1	drillcyc$	固定循环类型
2	drl_depth_x$	X 坐标
3	drl_depth_y$	Y 坐标
4	drl_depth_z$	Z 坐标
5	dwell$	暂停时间
6	frplunge$	进给速度
7	peck1$	首次啄钻切削量
8	peck2$	后续啄钻切削量
9	peckclr$	啄钻安全间隙
10	retr$	断屑提刀高度
11	drl_sel_ini$	与初始平面的距离
12	drl_sel_ref$	与参考平面的距离
13	drl_sel_tos$	与毛坯平面的距离
14	shftdrl$	精镗偏移量
15	drl_init_x$	U 坐标
16	drl_init_y$	V 坐标
17	drl_init_z$	W 坐标
18	cur_cflg$	控制标志
19	rev_drl5$	钻孔方向
20	drl_dia$	排钻直径

说明：

1）参数 1 为固定循环类型，参数 1 的数值范围为 0～19（整数）。0 表示点钻，1 表示啄钻，2 表示断屑钻孔，3 表示攻螺纹，4～5 表示镗孔，6～7 表示其他，8～19 表示用户自定义固定循环。

2）参数 2～4 表示孔底 X、Y、Z 坐标位置。

3）参数 5 表示表示暂停。

4）参数 6 表示进给速度。

5）参数 7 表示首次啄钻切削量。

6）参数 8 表示后续啄钻切削量。

7）参数 9 表示啄钻安全间隙。

8）参数 10 表示断屑提刀高度。

9）参数 11 表示与初始平面的距离，数值为选择的点到初始平面的距离，正值表示初始平面在选择点上方。

10）参数 12 表示与参考平面的距离，数值为选择的点到参考平面的距离，正值表示参考平面在选择点上方。

11）参数 13 表示与毛坯平面的距离，数值为选择的点到毛坯平面的距离，正值表示毛坏平面在选择的点上方。

12）参数 14 表示精镗偏移量。

13）参数 15~17 分别表示 U、V、W 坐标值。

14）参数 18 表示控制标志。

15）参数 19 表示钻孔方向（基本上不再使用）。

16）参数 20 表示排钻直径，参数 20 的值，除了排钻操作外都为 0。

2.3.3 重复钻孔固定循环代码

重复钻孔固定循环 NCI G 代码，用来描述同组孔中除第一个孔外的其他孔的加工信息。代码由两行数据组成，例如：

100

0 10. 30. 0. 25. 25. 0. 50. 10. 30. 25. 300 0 0. 1. 0. 0. 0. 1. 0. 0. 0. 1. 0.

数据格式为

100

1 2 3 4 5 6 7 8 9 10 11 12 13 14 15 16 17 18 19 20 21 22 23 24

第一行表示 NCI G 代码为 100，第二行表示 NCI G 代码的参数，共有 24 个，各参数对应的系统变量及其含义见表 2-9。

表 2-9　G 代码 100

NCI 参数	对应的系统变量	参数与变量含义
1		空位
2	drl_depth_x$	X 坐标
3	drl_depth_y$	Y 坐标
4	drl_depth_z$	Z 坐标
5	drl_sel_ini$	与初始平面的距离
6	drl_sel_ref$	与参考平面的距离
7	dwell$	暂停时间
8	frplunge$	进给速度
9	drl_init_x$	U 坐标
10	drl_init_y$	V 坐标
11	drl_init_z$	W 坐标
12	cur_cflg$	控制标志
13	rev_drl5$	钻孔方向
14	drl_sel_tos$	与毛坯平面的距离
15	drl_m1$	矩阵 m1 分量
16	drl_m2$	矩阵 m2 分量
17	drl_m3$	矩阵 m3 分量
18	drl_m4$	矩阵 m4 分量
19	drl_m5$	矩阵 m5 分量
20	drl_m6$	矩阵 m6 分量

（续）

NCI 参数	对应的系统变量	参数与变量含义
21	drl_m7$	矩阵 m7 分量
22	drl_m8$	矩阵 m8 分量
23	drl_m9$	矩阵 m9 分量
24	drl_dia$	排钻直径

说明：

1）参数 1，保留位。

2）参数 2~4，表示孔底的 X、Y、Z 坐标位置。

3）参数 5 表示与安全平面的距离，数值为选择的点到初始平面的距离，正值表示初始平面在选择点上方。

4）参数 6 表示与参考平面的距离，数值为选择的点到参考平面的距离，正值表示参考平面在选择点上方。

5）参数 7 表示暂停。

6）参数 8 表示进给速度。

7）参数 9~11 表示 U、V、W 坐标位置。

8）参数 12 为控制标志。

9）参数 13 表示钻孔方向（基本上不再使用）。

10）参数 14 表示与毛坯平面的距离，数值为选择的点到毛坯平面的距离，正值表示毛坯平面在选择的点上方。

11）参数 15~23 表示钻孔矩阵。

12）参数 24 表示排钻直径，参数 24 的值，除了排钻操作外都为 0。

2.4 操作代码

操作代码，包括操作开始代码、程序开始代码、操作不换刀代码、操作换刀代码、程序结束代码。

2.4.1 操作开始代码

操作开始 NCI G 代码用来描述操作编号和操作名称。代码由两行数据组成，例如：

999

2 0 1

数据格式为

999

1 2 3

第一行表示 NCI G 代码为 999，第二行表示 NCI G 代码的参数，共 3 个，各参数对应的系统变量及其含义见表 2-10。

表 2-10 G 代码 999

NCI 参数	对应的系统变量	参数与变量含义
1	tool_op$	刀路策略编号
2	nyncstream$	数据流
3	op_id$	OP 编号

说明：

1）参数 1 表示刀路策略编号，数值范围 1～460。

2）参数 2 表示数据流，参数 2 的数值在铣削中通常为 0。

3）参数 3 表示系统内部操作编号。

2.4.2 程序开始代码

程序开始 NCI G 代码，用来描述第一个操作在刀具运动之前的加工信息，它包含刀具信息、程序信息、进刀点信息、旋转轴信息等。代码由两行数据组成，例如：

1001

0 100 10 219 219 219 0 3500 3.58125 0 25.04979905 93.2332323 25. 250. 250. 250. 0 0.

数据格式：

1001

1 2 3 4 5 6 7 8 9 10 11 12 13 14 15 16 17 18

第一行表示 NCI G 代码为 1001，第二行表示 NCI G 代码的参数，共 18 个，各参数对应的系统变量及其含义见表 2-11。

表 2-11 G 代码 1001

NCI 参数	对应的系统变量	参数与变量含义
1	progno$	程序编号
2	seqno$	NC 起始顺序号
3	seqinc$	NC 顺序号增量
4	t$	刀具号
5	tloffno$	刀具半径补偿号
6	tlngno$	刀具长度补偿号
7	plane$	平面标号
8	ss$	主轴转速
9	fr$	进给速度
10	coolant$	切削液使用状态
11	xr$	快速进给 X 坐标
12	yr$	快速进给 Y 坐标
13	zr$	快速进给 Z 坐标
14	xh$	原点 X 坐标
15	yh$	原点 Y 坐标
16	zh$	原点 Z 坐标
17	rotaxis$	第四轴
18	rotdia$	替换轴直径

说明：

1）参数 1 表示程序号，参数 1 的数值为用户自定义的程序编号。

2）参数 2 表示 NC 起始顺序号。

3）参数 3 表示 NC 顺序号增量。例如，NC 程序起始顺序号为 10，顺序号增量也为 10，则第二行 NC 程序的顺序号为 20，后续行 NC 程序的顺序号按 10 累加。

4）参数 4～6 分别表示刀具编号、刀具半径补偿号、刀具长度补偿号。

5）参数 7 表示平面标号。参数 7 的值有 0、1、2 三种，分别表示 XY、YZ、XZ 平面。

6）参数 8 表示主轴转速，参数 8 的数值为正值，数值单位为转/分。

7）参数 9 表示进给速度，参数 9 的数值固定为前置中的进给速度。

8）参数 10 表示切削液使用状态。参数 10 的数值为 0～3，分别表示切削液关、切削液开、油雾开、刀具中心出水开。

9）参数 11～13 分别表示快速定位点的 X、Y、Z 坐标值。

10）参数 14～16 分别表示进刀原点 X、Y、Z 坐标值。

11）参数 17 表示第四轴的方式。参数 17 的数值常见的有-1、-2、0、1、2，分别表示 CCW 替换 X 轴、CCW 替换 Y 轴、不使用第四轴、CW 替换 X 轴、CW 替换 Y 轴。

12）参数 18 表示替换轴的直径。

2.4.3　操作不换刀代码

操作不换刀 NCI G 代码，用来描述同一把刀具继续加工下一个切削层，或者继续加工下一个工步，在刀具运动之前的加工信息，它包含刀具信息、程序信息、进刀点信息、旋转轴信息等。代码由两行数据组成，例如：

1000

0 100 10 219 219 219 0 3500 3.58125 0 25.04979905 73.2332323 10. 250. 250. 250. 0 0.

数据格式：

1000

1 2 3 4 5 6 7 8 9 10 11 12 13 14 15 16 17 18

第一行表示 NCI G 代码为 1000，第二行表示 NCI G 代码的参数，共有 18 个，各参数对应的系统变量及其含义见表 2-12。

表 2-12　G 代码 1000

NCI 参数	对应的系统变量	参数与变量含义
1	progno$	程序编号
2	seqno$	NC 起始顺序号
3	seqinc$	NC 顺序号增量
4	t$	刀具号
5	tloffno$	刀具半径补偿号
6	tlngno$	刀具长度补偿号
7	plane$	平面标号
8	ss$	主轴转速

（续）

NCI 参数	对应的系统变量	参数与变量含义
9	fr$	进给速度
10	coolant$	切削液使用状态
11	xr$	快速进给 X 坐标
12	yr$	快速进给 Y 坐标
13	zr$	快速进给 Z 坐标
14	xh$	原点 X 坐标
15	yh$	原点 Y 坐标
16	zh$	原点 Z 坐标
17	rotaxis$	第四轴
18	rotdia$	替换轴直径

说明：

1）参数 1 表示程序号，参数 1 的数值为用户自定义的程序编号。

2）参数 2 表示 NC 起始顺序号。

3）参数 3 表示 NC 顺序号增量。例如，NC 程序起始顺序号为 10，顺序号增量也为 10，则第二行 NC 程序的顺序号为 20，后续行 NC 程序的顺序号按 10 累加。

4）参数 4～6 分别表示刀具编号、刀具半径补偿号、刀具长度补偿号。

5）参数 7 表示平面标号。参数 7 的值有 0、1、2 三种，分别表示 XY、YZ、XZ 平面。

6）参数 8 表示主轴转速，参数 8 的数值为正值，单位为转/分。

7）参数 9 表示进给速度，参数 9 的数值固定为前置中的进给速度值。

8）参数 10 表示切削液使用状态。参数 10 的数值为 0～3，分别表示切削液关、切削液开、油雾开、刀具中心出水开。

9）参数 11～13 分别表示快速定位点的 X、Y、Z 坐标值。

10）参数 14～16 分别表示进刀原点 X、Y、Z 坐标值。

11）参数 17 表示第四轴的方式。参数 17 的数值常见的有 -1、-2、0、1、2，分别表示 CCW 替换 X 轴、CCW 替换 Y 轴、不使用第四轴、CW 替换 X 轴、CW 替换 Y 轴。

12）参数 18 表示替换轴的直径。

2.4.4　操作换刀代码

操作换刀 NCI G 代码，用来描述操作换刀在刀具运动之前的加工信息，它包含刀具信息、程序信息、进刀点信息、旋转轴信息等。代码由两行数据组成，例如：

1002

0 100 10 219 219 219 0 3500 3.58125 0 25.04979905 93.2332323 25. 250. 250. 250. 0 0.

数据格式：

1002

1 2 3 4 5 6 7 8 9 10 11 12 13 14 15 16 17 18

第一行表示 NCI G 代码为 1002，第二行表示 NCI G 代码的参数，共 18 个，各参数对应的系统变量及其含义见表 2-13。

表 2-13　G 代码 1002

NCI 参数	对应的系统变量	参数与变量含义
1	progno$	程序编号
2	seqno$	NC 起始顺序号
3	seqinc$	NC 顺序号增量
4	t$	刀具号
5	tloffno$	刀具半径补偿号
6	tlngno$	刀具长度补偿号
7	plane$	平面标号
8	ss$	主轴转速
9	fr$	进给速度
10	coolant$	切削液使用状态
11	xr$	快速进给 X 坐标
12	yr$	快速进给 Y 坐标
13	zr$	快速进给 Z 坐标
14	xh$	原点 X 坐标
15	yh$	原点 Y 坐标
16	zh$	原点 Z 坐标
17	rotaxis$	第四轴
18	rotdia$	替换轴直径

说明：

1）参数 1 表示程序号，参数 1 的数值为用户自定义的程序编号。

2）参数 2 表示 NC 起始顺序号。

3）参数 3 表示 NC 顺序号增量。例如，NC 程序起始顺序号为 10，顺序号增量也为 10，则第二行 NC 程序的顺序号为 20，后续行 NC 程序的顺序号按 10 累加。

4）参数 4～6 分别表示刀具编号、刀具半径补偿号、刀具长度补偿号。

5）参数 7 表示平面标号。参数 7 的值有 0、1、2 三种，分别表示 XY、YZ、XZ 平面。

6）参数 8 表示主轴转速，参数 8 的数值为正值，单位为转/分。

7）参数 9 表示进给速度，参数 9 的数值固定为前置中的进给速度值。

8）参数 10 表示切削液使用状态。参数 10 的数值为 0～3，分别表示切削液关、切削液开、油雾开、刀具中心出水开。

9）参数 11～13 分别表示快速定位点的 X、Y、Z 坐标值。

10）参数 14～16 分别表示进刀原点 X、Y、Z 坐标值。

11）参数 17 表示第四轴的方式。参数 17 的数值常见的有-1、-2、0、1、2，分别表示 CCW 替换 X 轴、CCW 替换 Y 轴、不使用第四轴、CW 替换 X 轴、CW 替换 Y 轴。

12）参数 18 表示替换轴的直径。

2.4.5　程序结束

程序结束 NCI G 代码，是用来描述程序结束的信息。代码由两行数据组成，例如：

1003

250. 250. 250.

数据格式为：

1003

1 2 3

第一行表示 NCI G 代码为 1003，第二行表示 NCI G 代码的参数，共 3 个，各参数对应的系统变量及其含义见表 2-14。

表 2-14　G 代码 1003

NCI 参数	对应的系统变量	参数与变量含义
1	xh$	原点 X 坐标
2	yh$	原点 Y 坐标
3	zh$	原点 Z 坐标

说明：

在程序结束 NCI G 代码中，参数 1～3 表示返回原点的坐标值。

2.5　其他 NCI 代码

其他 NCI 代码，有实数杂项变量代码、整数杂项变量代码、刀具平面矩阵代码等。

2.5.1　实数杂项变量代码

实数杂项变量 NCI G 代码用来描述操作中实型杂项变量信息。代码由两行数据组成，例如：

1011

0. 0. 0. 0. 0. 0. 0. 0. 0. 0.

数据格式为：

1011

1 2 3 4 5 6 7 8 9 10

第一行表示 NCI G 代码为 1011，第二行表示 NCI G 代码的参数，共 10 个，各参数对应的系统变量及其含义见表 2-15。

表 2-15　G 代码 1011

NCI 参数	对应的系统变量	参数与变量含义
1	mr1$	实数杂项变量 mr1
2	mr2$	实数杂项变量 mr2
3	mr3$	实数杂项变量 mr3
4	mr4$	实数杂项变量 mr4
5	mr5$	实数杂项变量 mr5
6	mr6$	实数杂项变量 mr6
7	mr7$	实数杂项变量 mr7

（续）

NCI 参数	对应的系统变量	参数与变量含义
8	mr8$	实数杂项变量 mr8
9	mr9$	实数杂项变量 mr9
10	mr10$	实数杂项变量 mr10

说明：

在实数杂项变量 NCI G 代码中，参数 1～10 分别表示 mr1～mr10 的数据，数据均为实数。

2.5.2 整数杂项变量代码

整数杂项变量 NCI G 代码用来描述操作中整型杂项变量信息。代码由两行数据组成，例如：

1012

0. 0. 0. 0. 0. 0. 0. 0. 0. 0.

数据格式：

1012

1 2 3 4 5 6 7 8 9 10

第一行表示 NCI G 代码为 1012，第二行表示 NCI G 代码的参数，共 10 个，各参数对应的系统变量及其含义见表 2-16。

表 2-16 G 代码 1012

NCI 参数	对应的系统变量	参数与变量含义
1	mi1$	整数杂项变量 mi1
2	mi2$	整数杂项变量 mi2
3	mi3$	整数杂项变量 mi3
4	mi4$	整数杂项变量 mi4
5	mi5$	整数杂项变量 mi5
6	mi6$	整数杂项变量 mi6
7	mi7$	整数杂项变量 mi7
8	mi8$	整数杂项变量 mi8
9	mi9$	整数杂项变量 mi9
10	mi10$	整数杂项变量 mi10

说明：

在整数杂项变量 NCI G 代码中，参数 1～10 分别表示 mi1～mi10 的数据，数据均为整数。

2.5.3 刀具平面矩阵代码

刀具平面矩阵 NCI G 代码用来描述刀具平面矩阵信息。代码由两行数据组成，例如：

1014

1. 0. 0. 0. 1. 0. 0. 0. 1.

数据格式:

1014

1 2 3 4 5 6 7 8 9

第一行表示 NCI G 代码为 1014，第二行表示 NCI G 代码的参数，共 9 个，各参数对应的系统变量及其含义见表 2-17。

表 2-17　G 代码 1014

NCI 参数	对应的系统变量	参数与变量含义
1	m1$	刀具平面矩阵 m1 分量
2	m2$	刀具平面矩阵 m2 分量
3	m3$	刀具平面矩阵 m3 分量
4	m4$	刀具平面矩阵 m4 分量
5	m5$	刀具平面矩阵 m5 分量
6	m6$	刀具平面矩阵 m6 分量
7	m7$	刀具平面矩阵 m7 分量
8	m8$	刀具平面矩阵 m8 分量
9	m9$	刀具平面矩阵 m9 分量

说明：

　　在刀具平面矩阵 NCI G 代码中，参数 1～3 表示 X 轴矢量；参数 4～6 表示 Y 轴矢量；参数 7～9 表示 Z 轴矢量。

2.6　本章小结

　　本章介绍了常见的 NCI 代码，详细说明了 NCI 代码的数据组成、参数含义。本章内容旨在使读者掌握常见的 NCI 代码参数及其含义，了解各参数对应的系统变量的名称。

第 **3** 章

基础语法

内 容

本章将介绍 MP 语言的基础知识，重点介绍基本数据类型、数字格式定义、数字格式分配、数字变量输出、字符串变量输出等方面的基础知识。

目 的

通过本章学习，使读者理解 MP 语言的基本数据类型，掌握变量格式化和输出方法，了解数组数据类型及其应用方法。

3.1 标识符和关键字

MP 语言（Mastercam Processor Language），是美国 CNC Software Inc.公司开发的后处理程序设计语言，它专门用来设计 Mastercam 后处理程序。MP 语言语法简洁，使用灵活自由，拥有丰富的文本处理和数值计算功能，能适应各种数控系统后处理程序设计需求。

在 MP 语言中，用来对变量、常量、函数、后处理块进行命名的有效字符序列称为标识符（Identifier）。简单地说，标识符就是一个对象的名字。例如，前面导出参数实例中 opinfo、pdump$、pheader$等都是标识符。

在 MP 语言中，除预定义标识符外，其余标识符都是由用户自己定义的。自定义的标识符只能由字母（A~Z，a~z）、数字（0~9）、下划线（_）组成，并且第一个字符必须是字母或下划线。

例如，以下标识符都是合法的：

vec1

vecx

Vector_x

而下面的标识符是非法的：

3d_vecx   #以数字开头

pi*2   #出现非法字符

-tool   #以减号开头

在 MP 语言中，系统保留的有特定意义的名字称为关键字（Keyword）。MP 系统保留的关键字见表 3-1。

表 3-1 MP 关键字

关　键　字	关键字解释
if	条件语句条件判断
else	条件语句否定分支
while	循环语句循环条件
flktbl	声明二维数据表
fstrsel	声明字符串选择
fs	声明数字格式
fs2	声明二型数字格式
fq	声明交互式提示
fmt	分配数字格式
fbuf	声明缓冲文件
fstack	声明堆栈

3.2 常量与变量

MP 语言中的基本数据的表现形式可以分为变量和常量两种。

1. 常量

在程序执行过程中，其值不发生改变的量称为常量（Constants）。例如，图 3-1 所示程序中的数字−1、9999、50、A、B 都是常量。常见的常量有：

1）整型常量，如−1、50、999 等都是整型常量。

2）实型常量，十进制小数形式，由数字和小数点构成，如 123.456、−123.456 等。

3）字符常量，用双引号引用起来的字符或字符串，如"A"、"B"、"ABC"等。

```
#Define Constants
m_one        := -1
one          := 1
c9k          := 9999
# General Output Settings
min_speed    : 50      #SET_BY_MD Minimum spindle speed
tlchg_home   : no$     #Zero return X and Y axis prior to tool change?
#Rotary Axis Label options
srot_x       : "A"     #Label applied to rotary axis movement - rotating about X axis - used when
use_md_rot_label = no
srot_y       : "B"     #Label applied to rotary axis movement - rotating about Y axis - used
```

图 3-1 变量与常量

2. 变量

在 MP 程序运行时，其值可以改变的量称为变量（Variables）。变量代表有名字、有属性的数据存放单元，它可以用来存储数据。例如，图 3-1 所示程序中的 min_speed、srot_x 都是变量。

MP支持数字变量，也支持字符串变量，这些变量按定义的类型可分为系统变量和自定义变量两类。自定义变量，是用户自定义的用来存放数据的变量，自定义变量在使用前需要在后处理块外部先声明变量，只有声明了变量才可以使用。声明变量时要注意，自定义变量的命名不可以"$"字符结尾。

3.3 数字变量

数字变量（Numeric Variables），可以用来存储整型（Integer）、小数类型（Decimal）、布尔型（Boolean）数据。数字变量有两种基本类型：一种是系统预定义的数字变量，另一种是用户自定义的数字变量。

1. 预定义数字变量

预定义的数字变量（Predefined Numeric Variables），是在 MP 中以"$"字符结尾命名的数字变量，按类型分类有：

1）NCI 变量。在第 2 章已介绍过，用来存放 NCI 参数，如 absinc$、cc$、cutpos$等。

2）计算变量。存储 NCI 数据计算结果的变量，如 depth$、fr_pos$、initht$等。

3）功能开关变量。作为功能开关或功能项选择的变量，如 bug4$、spaces$等。

4）系统常变量。系统预定义的常变量，如 pi$等。

5）系统命令变量。MP 例行程序开关变量，如 clearaux$、clearsub$等。

6）辅助变量。返回计算结果的辅助变量，如 ptfixx$、t1$等。

2. 声明与初始化

自定义的数字变量，在使用前需要先声明与初始化。只有声明与初始化了的变量，才可以使用。数字变量声明与初始化的一般格式如下：

variable_name:value

variable_name 表示数字变量名称，":"表示操作符，value 表示初始值。书写时要注意名称不能以空格开头，名称和初始值之间要以":"隔开。

数字变量的名称只能由字母（A～Z，a～z）、数字（0～9）、下划线（_）组成，并且第一个字符必须是字母或下划线。此外，尽量不要以字母"s"和"p"开头。例如，以下代码，数字变量声明与初始化的格式均是合法的：

```
spaces$ : 1          #空格数量
tooltable$ : 1       #读刀具表
abs_sweep : 0        #定义与初始化 abs_sweep
drl_type : -1        #定义与初始化 drl_type
```

数字变量的初始值，可以是数字常量、已经声明的数字变量和数学表达式。例如，以下代码的数字变量声明与初始化的格式也是合法的：

```
cuttype: 0           #使用数字常量初始化
rot_angle: 0         #使用数字常量初始化
angle :rot_angle     #使用已经声明的数字变量初始化
vec_x : cos45        #使用数学表达式初始化
```

3. 全局公式初始化

全局公式（Global Formulas）初始化变量的方法是使用"="操作符来初始化，格式如下：

variable_name=value

variable_name 表示数字变量名称，"="表示操作符，value 表示初始值。初始值可以是数字常量、数字变量、数学表达式。例如，以下代码的数字变量声明与初始化的格式都是合法的：

```
circumference1        =6.28
circumference2        = circumference1
diameter              : 20
circumference3        = 3.14 *diameter
```

全局公式初始化的变量，在输出、表达式计算、变量更新、字符串选择等情况下，会计算全局变量。具体在什么情况下会计算全局变量，由 newglobal$ 系统变量控制。例如：

```
[POST_VERSION] #DO NOT MOVE OR ALTER THIS LINE# V21.00 P0 E1 W21.00 T1447190134
M21.00 I0 O0
newglobal$            :0
diameter              : 20
circumference         = 3.14 *diameter
poutput               #Output Postblock
  circumference       = 10 * 3.14
  !circumference      #更新变量
  ~circumference,e$   #输出变量
psof$
  poutput
```

上述代码中，newglobal$ 初始化为 0，即在变量输出、字符串选择、变量更新的情况下，计算全局变量。在 poutput 输出块中，由于 circumference 采用全局公式初始化，虽然 circumference 被赋值为 10*3.14，然而最终输出结果不是 31.4，而是 62.8。

> **注意**
>
> 在初始化变量时，尽量不使用全局公式初始化，这是因为全局公式初始化除了给系统带来额外的开销外，还不利于程序调试。在开发中，如使用了全局公式初始化，还应注意，不要将全局公式初始化语句和后处理块中的变量赋值语句相混淆。全局公式初始化语句应顶格书写，而后处理块中的变量赋值语句应缩进书写。

4. 数字常变量

数字常变量（Numeric Constants）初始化的方法是使用":="操作符来初始化，格式如下：

variable_name:=value

variable_name 表示数字变量名称，":="表示操作符，value 表示初始值。

数字常变量具有变量的属性，但其值不能被改变。也就是说，在程序运行时，数字常变量值不发生改变，始终固定为初始值。数字常变量和数字常量有不同之处，数字常变量是有

名字的不变量，而数字常量是没有名字的不变量。有名字就便于引用，因此数字常变量一般用于引用常量。例如，以下代码中的数字常变量均是引用常量：

```
#Define Constants
zero        := 0
one         := 1
two         := 2
three       := 3
four        := 4
pncoutput     #Movement output
        if gcode$ = zero, prapidout
        if gcode$ = one, plinout
        if gcode$ > one & gcode$ < four, pcirout
```

3.4 字符串变量

字符串变量（String Variables），用来存储字符或字符串数据。字符串变量有两种基本类型：一种是系统预定义的字符串变量，另一种是用户自定义的字符串变量。

1. 预定义的字符串变量

预定义的字符串变量（Predefined String Variables），是在 MP 中以"$"字符结尾命名的字符串变量，按类型分类有：

1）注释变量。存放操作注释信息的变量，如 scomm$、scomm0$等。

2）刀具名称变量。保存刀具名称的变量，如 strtool$、strtoolext$等。

3）文件名变量。存储 MCX、PST、NCI、NC 等文件的文件名及扩展名的变量，如 smcpath$、smcname$、spathext$、spathnc$等。

4）参数名变量。存放参数名的变量，如 sparameter$。

5）材料名称变量。存储材料名称的变量，如 stck_matl$。

2. 声明与初始化

自定义的字符串变量，在使用前需要先声明与初始化。只有声明与初始化了的变量，才可以使用。自定义字符串变量声明与初始化格式如下：

string_name:"character string"或 string_name :'character string'

string_name 表示字符串变量名称，":"表示操作符，"character string"表示初始值。书写时，要注意名称不能以空格开头，名称和初始值之间要以":"隔开。

字符串变量的名称，只能由字母（A~Z，a~z）、数字（0~9）、下划线（_）组成，并且第一个字符必须以字符"s"开头。字符串变量的初始值，只能是不超过 80 个字符的字符串，如初始值要包含双引号字符，这时就只能使用单引号格式来定义初始值。例如，以下代码，字符串变量声明与初始化的格式均是合法的：

str_msg   : 'msg "001" '

```
str_wrts0          :""
str_wrts1          :";TOOL MAGAZIN "
str_wrts2          :"IS_METRIC"
str_wrts3          :"=1,"
str_wrts4          :"IS_OPT_DNO"
str_wrts5          :"=0"
str_wrts6          :"CHANDATA(1)"
```

3.5 变量输出

前面介绍了变量的类型及初始化方法,从中了解到,变量的主要作用是用来存放数据。这些数据,有的来源于 NCl,有的来自计算过程,还有一部分是用户输入的。这些数据经过处理后,最终被转换成合法的 NC 代码,合法的 NC 代码实际上就是变量输出的内容。

如何实现符合要求的输出,这就需要后处理系统拥有丰富的变量输出功能。在 MP 系统中,变量输出功能包含数字变量格式化、数字变量修饰符输出、模态与非模态输出、字符串文字输出、ASCII 字符输出等功能。这些功能,可以让我们灵活方便地输出各种各样的 NC 代码。接下来将介绍这些输出功能。

3.5.1 数字变量格式化

数字变量格式化(Formatting Numeric Variables),就是定义数字变量输出的内容格式,以满足特定数控系统的 NC 代码格式要求。

例如,一个数字变量,值为 3.000000000。当变量作为 X 坐标输出时,输出的数据可能是 X3.,也可能是 X3.000,还可能是 X+003.000。当变量作为圆弧指令输出时,输出的数据可能是 G03。当变量作为刀具编号输出时,输出的数据可能是 T3。

通过以上例子可以看出,变量在不同环境中,其输出内容与格式不尽相同。为了适应不同输出环境,这就需要进行有针对性的格式化输出操作。数字变量格式化,可分两个步骤进行:第一步先声明数字格式,第二步再为数字变量分配数字格式。

1. 声明数字格式

声明数字格式,即为数字变量定义输出数字格式。在 MP 中,声明数字格式语句有 fs 和 fs2 两种格式,fs 仅用于公制环境,而 fs2 可以应用于公制和英制两种环境。当使用 fs2 时,MP 系统会根据 met_tool$系统变量自动选择格式化环境。在使用 fs 或 fs2 语句时,要注意 ID 编号一定要大于零,且编号不可以重复。

fs 语句的格式为:

fs 0 1 2 3 4 5 6 7 8 9 10

fs 语句必须顶格书写,并且要写在后处理块的外部。语句中 fs 为关键字,0~10 为参数,各参数的值及其含义见表 3-2。

表 3-2　fs 参数及其含义

编　号	参　数　值	参　数　含　义
0	整数	ID 编号，分配格式时用
1*	+	强制输出正号
	s	在数字前输出空格
	忽略	正常输出符号
2	0~9	整数部分位数
3	.	整数与小数之间用小数点分隔
	,	整数与小数之间用逗号分隔
	空格	忽略分割符
	^	整数时忽略小数点
	%	整数时忽略逗号
4	0~9	小数部分保留位数
5*	无	按保留的小数位数正常取舍
	2	按保留的小数位数近似为偶数
	5	按保留的小数位数近似为 5 的倍数
	9	按保留的小数位数截取
6*	l	增加前导零
	忽略	忽略前导零
7*	t	增加尾零
	无	忽略尾零
8*	n	非模态
	忽略	模态
9*	忽略	绝对
	i	增量
	d	Delta 增量
10*	z	整数时增加一个尾零
	忽略	整数时忽略增加一个尾零

> **说明：**
>
> 1）上表中带*号的参数为可选参数，可选参数可以忽略。例如，fs 1 0.3 语句，定义时忽略了带*的参数，该语句表示：fs 数字格式声明语句，ID 编号为 1，格式化为小数类型数字，并保留 3 位小数。
>
> 2）参数 1 表示数字符号。参数 1 为 "+" 时，表示强制输出正号，也就是说当一个小数类型数据为正数时强制输出正号，为负数时输出负号。例如，一个数字变量，值为 20.，使用 fs 2 +1 0 语句格式化后输出结果为+20。参数 1 为 "s" 时，表示在数字前加一个空格符。
>
> 3）参数 2 表示整数部分位数，和参数 6 配合使用。例如，fs 3 4 0l 语句表示声明的数字格式为整型数字，无小数位，不足 4 位的整数用前导零补足为 4 位整数。
>
> 4）参数 3 表示整数与小数之间的分隔符号。参数 3 为小数点表示以小数点分隔，为逗号表示以逗号分隔，为空格时将忽略输出分隔符，为 "^" 时将忽略整数的小数点，为 "%" 时将忽略整数的逗号。例如，一个数字变量，值等于 0.12345，使用 fs 4 0.3 语句格式化后输出结果为 0.123。
>
> 5）参数 4 表示小数部分保留位数，至于如何舍入由参数 5 控制。
>
> 6）参数 5 表示数值取舍与圆整。参数 5 忽略时表示按保留的小数位四舍五入，为 2 表示按保留的小数位近似为偶数，为 5 表示按保留的小数位近似为 5 的倍数，为 9 表示按

保留的小数位截取。例如，一个数字变量，值为 0.12345，如保留 3 位小数则输出结果可能是 0.123，如近似为偶数则输出结果可能是 0.124，如近似为 5 的倍数则输出结果可能是 0.125，如按保留位截取则输出结果可能是 0.123。

7）参数 6 表示增加前导零。用前导零来补足整数部分位数，以增加代码的可读性。例如，使用 fs 5 4 0l 语句声明数字格式，格式化后输出的结果是 4 位整数，如不足 4 位则增加前导零补足为 4 位整数。假设被格式化的变量数值为 20.，则格式化后输出结果为 0020。当参数 6 被忽略定义时，系统将忽略前导零输出。

8）参数 7 表示增加尾零。用尾零补足小数部分位数，以增加代码的可读性。例如，使用 fs 6 0.3t 语句定义数字格式，格式化后，输出的结果是保留 3 位小数的小数类型数据，如小数部分不足 3 位则增加尾零补足为 3 位小数。假设被格式化的变量数值为 0.3，则格式后的输出结果是.300。注意，这里的输出结果是.300 而不是 0.300，如果要输出 0.300，则数字格式声明语句应定义成 fs 6 1.3lt。当参数 7 被忽略定义时，系统将忽略尾零输出。

9）参数 8 表示模态与非模态输出。为"n"时表示强制输出，忽略时表示非模态输出。这里的模态与非模态所表示的含义和 NC 代码中的模态与非模态所表示的含义相同。变量模态输出时，系统会将变量当前输出值和变量先前输出值做比较，如果比较结果相同则不输出，如果不同则输出。变量非模态输出时，将忽略与先前输出值的比较，立即输出结果。

10）参数 9 表示数值格式。忽略表示绝对值，为"i"表示增量值，为"d"表示 Delta 增量值。例如，格式化圆弧起点到圆心 I、J、K 分量时可使用"d"来声明，当 I、J、K 数值为零时忽略输出。

11）参数 10 表示整数时增加或不增加一个尾零。为"z"表示整数时在小数点后面增加一个尾零，忽略表示不增加尾零。例如，应用 fs 7 0.3z 语句定义数字格式，并格式化数字变量，假设数字变量的值为 30.，则输出结果为 30.0。

fs2 语句的格式为：

fs2 0 1 2 3 4 5 6 7 8 9 10 11 12 13 14

fs2 语句必须顶格书写，并且要写在后处理块的外部。语句中 fs2 为关键字，0～14 为参数，各参数的值及其含义见表 3-3。

表 3-3　fs2 参数及其含义

编　号	参　数　值	参　数　含　义
0	整数	ID 编号，分配格式时用
1*	+	强制输出正号
	s	在数字前输出空格
	忽略	正常输出符号
2	0～9	英制，整数部分位数
3	.	英制，整数与小数之间用小数点分隔
	,	英制，整数与小数之间用逗号分隔
	空格	英制，忽略分割符
	^	英制，整数时忽略小数点
	%	英制，整数时忽略逗号
4	0～9	英制，小数部分保留位数

（续）

编　　号	参　数　值	参　数　含　义
5*	忽略	英制，按保留的小数位数正常取舍
	2	英制，按保留的小数位数近似为偶数
	5	英制，按保留的小数位数近似为 5 的倍数
	9	英制，按保留的小数位数截取
6	0~9	公制，整数部分保留位数
7	.	公制，整数与小数之间用小数点分隔
	,	公制，整数与小数之间用逗号分隔
	空格	公制，忽略分割符
	^	公制，整数时忽略小数点
	%	公制，整数时忽略逗号
8	0~9	公制，小数部分保留几位
9*	忽略	公制，按保留的小数位数正常取舍
	2	公制，按保留的小数位数近似为偶数
	5	公制，按保留的小数位数近似为 5 的倍数
	9	公制，按保留的小数位数截取
10*	1	增加前导零
	忽略	忽略前导零
11*	t	增加尾零
	忽略	忽略尾零
12*	n	非模态
	忽略	模态
13*	忽略	绝对
	i	增量
	d	Delta 增量
14*	z	整数时增加一个尾零
	忽略	整数时忽略增加一个尾零

说明：

　　在上表中，带*号的参数为可选参数，可选参数可以忽略。例如，fs2 2 0.4 0.3 语句，定义时忽略了带*的参数，该语句表示：fs2 数字格式声明语句，ID 编号为 2，格式化英制数字时保留 4 位小数，格式化公制数字时保留 3 位小数。参数 2~5 定义英制数字格式，参数 6~9 定义公制数字格式。

2. 分配数字格式

　　分配数字格式，即为数字变量分配输出格式。在 MP 中，一般使用 fmt 语句来分配数字格式。在分配时，可以为数字变量输出内容加上前缀字符，也可以加上后缀字符，还可以声明输出内容的特性，如模态、增量特性。此外，fmt 语句还可以直接用来声明变量。

　　fmt 语句的格式为：

fmt 1 2 3 4 5 6

　　fmt 语句必须顶格书写，并且要写在后处理块的外部。语句中 fmt 为关键字，1~6 为参数，参数之间用空格隔开，各参数的值及其含义见表 3-4。

表 3-4　fmt 参数及其含义

编　号	参 数 值	参 数 含 义
1*	字符	前缀字符
2	整数	数字格式 ID 编号
3	变量名	数字变量
4*	字符	后缀字符
5*	1	链接增量
	忽略	忽略此项
6*	n	非模态
	d	Delta 增量

说明：

1）上表中带*号的参数为可选参数，可选参数可以忽略。例如，fmt 1 xout 语句，声明时只用了第 2、3 项参数，该语句表示为数字变量 xout 分配编号为 1 的数字格式。

2）参数 1 表示在输出的数字前面加上前缀字符，如不需要前缀字符，忽略此参数即可。例如，fmt "X" 2 xout 语句，表示在输出的数字前面加上 "X" 字符，如数字格式 2 定义的是保留 3 位小数输出格式，则输出结果可能是 X10.123。

3）参数 2 表示引用的数字格式的 ID 编号。参数 3 表示被分配数字格式的变量名称。

4）参数 4 表示在输出数字后面加上后缀字符，如不需要后缀字符，忽略此参数即可。例如，fmt "A=DC(" 2 aout ")" 语句，表示在输出的数字前面加上 "A=DCC" 字符，后面加上 ")" 字符，如数字格式 2 定义的是保留 3 位小数输出格式，则变量 aout 输出结果可能是 A=DC(10.123)。

5）参数 5 表示链接增量特性。为 "1" 时表示链接增量，忽略时表示忽略此功能。链接增量特性表示系统自动为变量选择增量或绝对数值。注意，这里的链接增量特性和 fs 语句中的增量所表示的意义不同，定义时应避免 fs 和 fmt 中同时定义。

6）参数 6 表示非模态与 Delta 增量。为 "n" 表示非模态，为 "d" 表示增量。fmt 语句中的非模态与 Delta 增量所表示含义，与 fs/fs2 语句中所定义的非模态和 Delta 增量所表示的含义相同，如果这里再次定义会改写 fs/fs2 语句中的定义。此外，还要注意，如果在 fmt 语句中再次定义非模态与 Delta 增量时，参数 5 要有占位符，如使用数字 0 作为占位符。

3. fs0/fs1 默认数字格式

MP 启动时，一些预定的数字变量被预先分配了默认的数字格式，还有的被预先分配了默认前缀。在 MP 中，默认的数字格式有 fs0 和 fs1 两种：

fs0 表示无前缀默认输出格式。如 time$、date$、nci_rewind$ 等变量输出采用 fs0 格式。

fs1 表示有前缀默认输出格式。如 x$、y$、z$ 输出时采用的默认前缀分别是 "X"、"Y"、"Z"。

注意：

提到这两种数字格式，是为了说明一些预定的数字变量在输出时为什么拥有特定的输出格式，而不是为了说明还有其他的数字格式。注意不要使用 fs0 和 fs1 来声明数字格式，这里的 fs0 和 fs1 是系统保留的关键字。

实例 3-1

定义数字格式，并格式化变量，使变量输出格式符合 GSK 数控系统 NC 代码的格式要求。

【解题思路】先用 fs2 语句定义常用的数字格式，然后用 fmt 语句为变量分配格式并定义前缀，使输出格式与 GSK 数控系统的 NC 代码格式相匹配。

编写程序：

[POST_VERSION] #DO NOT MOVE OR ALTER THIS LINE# V21.00 P0 E1 W21.00 T1447190134 M21.00 I0 O0

#代码源文件:源代码/第 3 章/3.5.1 数字变量格式化/fmt.pst

region fs2 数字格式声明语句

fs2 1 0.4 0.3	#Decimal 类型小数，绝对数值，英制保留 4 位小数/公制保留 3 位小数
fs2 2 0.4 0.3d	#Decimal 类型小数，Delta 增量，英制保留 4 位小数/公制保留 3 位小数
fs2 3 1 0 1 0	#整数
fs2 4 4 0 4 0l	#整数，不足 4 位用前导零补足为 4 位整数
fs2 5 0.2 0.1	#Decimal 类型小数，英制保留 2 位小数/公制保留 1 位小数
fs2 6 0^7 0^7	#Decimal 类型小数，公制/英制保留 7 位小数，整数时忽略小数点

#endregion

regionfmt 分配格式、定义前缀

fmt	"X" 1	xabs	#X 绝对坐标
fmt	"Y" 1	yabs	#Y 绝对坐标
fmt	"Z" 1	zabs	#Z 绝对坐标
fmt	"X" 2	xinc	#X 增量坐标
fmt	"Y" 2	yinc	#Y 增量坐标
fmt	"Z" 2	zinc	#Z 增量坐标
fmt	"R" 1	arcrad$	#圆弧半径
fmt	"I" 2	iout	#起点到圆心 I 分量
fmt	"J" 2	jout	#起点到圆心 J 分量
fmt	"K" 2	kout	#起点到圆心 K 分量
fmt	"T" 3	t$	#刀号
fmt	"D" 3	tloffno$	#刀具半径补偿
fmt	"H" 3	tlngno$	#刀具长度补偿
fmt	"S" 3	speed	#主轴转速
fmt	"G" 3	g_wcs	#工作坐标系
fmt	"F" 5	feed	#进给速度
fmt	"O" 4	progno$	#程序号
fmt	"N" 6	n$	#NC 程序行号

endregion

代码分析：

1）以上代码，由 fs2 和 fmt 两组代码段构成。fs2 代码段声明了 6 种常见的数字格式，这些格式包含小数、整数、增量、绝对、保留 3 位小数等格式。fmt 代码段，分别为坐标输出、圆弧输出、刀具号、刀具补偿号、主轴转速、工作坐标系、进给速度、程序号、NC

行号等变量分配数字格式。

2）fs2 1 0.4 0.3 语句，表示小数类型数字格式，数字的数值为绝对值，当数字为英制时保留 4 位小数，当数字为公制时保留 3 位小数，该语句用于绝对坐标、圆弧半径变量格式化。

3）fs2 2 0.4 0.3d 语句，表示小数类型数字格式，数字的数值为增量值，当数字为英制时保留 4 位小数，当数字为公制时保留 3 位小数，该语句用于增量坐标、圆弧起点到圆心变量格式化。

4）fs2 3 1 0 1 0 语句，表示整数类型数字格式，该语句用于刀号、刀具补偿、工作坐标系、主轴转速变量格式化。

5）fs2 4 4 0 4 0 l 语句，表示 4 位整数型数字格式，不足 4 位时用前导零补足为 4 位整数，该语句用于程序号变量格式化。

6）fs2 6 0^7 0^7 语句，表示小数类型数字格式，无论数字是公制还是英制均保留 7 位小数，当数字是整数时忽略小数点，该语句用于 NC 行号变量格式化。

3.5.2 数字变量输出

数字变量输出（Numeric Variables Output），即输出数字变量格式化后的数据。在 MP 中，数字变量输出语句必须要书写在后处理块内部，输出语句格式为：

输出符变量名

输出符，用来指定输出方法。输出符有 6 种，分别是前缀符 prv_、强制输出符*、更新先前变量符!、调试输出符～、格式化符@、依赖输出符`，其中"*！~@`"五种输出符又称输出修饰符（Output Modifies）。应用输出符时，可以为变量指定输出方法。忽略输出符时，将以模态方式输出变量。

1. 模态与非模态输出

数字变量在声明时，系统会创建一个复制变量，并以"prv_"加原变量名来命名，用来存储该变量的先前值。模态输出时，系统会将变量的当前值和先前值做比较，如果比较结果相同则不输出。非模态输出时，系统忽略当前值和先前值的比较，强制输出变量当前值。模态输出可用于输出模态 NC 代码，如 G1、G2、G3、X、Y、Z 等。非模态输出可用于输出非模态 NC 代码，如 G04、G28、G50 等。

2. 输出修饰符

输出修饰符是一种特殊的输出符，用来指定输出方法。数字变量输出修饰符有 5 种，各种修饰符所表示的含义见表 3-5。

表 3-5　输出修饰符

修 饰 符	含 义	更新 prv	格 式 化	输 出
无	无修饰符	是	是	正常输出
*	强制输出	是	是	强制输出
!	更新先前变量	是	是	不输出
@	格式化变量	否	是	不输出
～	调试输出	否	不一定	调试输出
`	依赖输出	是	是	依赖输出

说明：

1）无修饰符，在输出语句中不使用修饰符，直接引用变量名输出。这种输出方法表示以模态方式输出格式化后的数据，并且输出时更新先前变量的数值。例如，aout，e$语句表示以模态方式输出 aout 格式化后的数据并换行，输出时更新 prv_aout 的数值。

2）强制输出修饰符（*），这种输出方法表示，无论变量是模态的还是非模态的，都强制输出格式化后的数据，并且在输出时更新先前变量的数值。例如，*aout，e$语句表示强制输出 aout 格式化后的数据并换行，输出时更新 prv_aout 的数值。

3）更新先前变量修饰符（!），这种输出方法表示格式化变量，并更新先前变量，但不输出数据。例如，!aout 语句表示格式化 aout 变量、更新 prv_aout 的数值，但不输出数据。

4）格式化变量修饰符（@），这种输出方法表示格式化变量，不更新先前变量，也不输出数据。例如，@aout 语句表示格式化 aout 变量，不更新 prv_aout 的数值，也不输出数据。

5）调试输出修饰符（~），这种输出方法表示调试输出变量值，输出时也不更新先前变量，通常应用于后处理调试。例如，~aout 语句表示不更新 prv_aout 的数值，强制输出 aout 中存储的原始数据。

6）依赖输出修饰符（`），这种输出方式表示格式化变量、更新先前变量，并以模态和依赖方式输出格式化后的数据。这里的依赖输出，指同一行代码中，如果其他语句有数据输出则输出，如果同一行代码中其他语句没有数据输出则不输出。例如，`sgcode，pxout，pyout，pzout，pcout，feed，e$语句表示 pxout，pyout，pzout，pcout，feed 语句中如果有数据输出，就输出 sgcode 中的数据。

补充知识点视频：光盘:\视频\02 调试输出应用技巧.mp4

实例 3-2

使用变量调试输出修饰符输出变量原始数据

【解题思路】先声明和格式化变量，再使用调试输出修饰符输出数据。

编写程序：

```
[POST_VERSION] #DO NOT MOVE OR ALTER THIS LINE# V21.00 P0 E1 W21.00 T1505932387
M21.00 I0 O1
#代码源文件:源代码/第 3 章/3.5.2 数字变量输出/debugging output.pst
bug4$ : -1
xout :1.123456789
fs 1 1.1
fmt "X" 1 xout
psof$
    ~xout,e$        #第一行，输出初始化数据
    xout=2.1234     #第二行，给 xout 赋值
    ~xout,e$        #第三行，输出赋值后的数据
    *xout,e$        #第四行，强制输出格式化后的数据
    ~xout,e$        #第五行，输出更新后的数据
```

代码分析：

1）上述代码，先在声明区域声明了 xout 变量，并初始化它的数值等于 1.123456789，

接着使用 fs 语句定义了编号为 1 的数字格式，然后再使用 fmt 语句格式化 xout，最后在 psof$后处理块中输出变量中的数据。

2）在 psof$后处理块中，第一行语句~xout,e$表示调试输出 xout，由于当前 xout 的数值是初始值，所以输出的数字是 1.123456789。第二行语句 xout=2.1234 是赋值语句，语句执行后 xout 的数据被更新为 2.1234。由于 xout 的数据被更新了，因此第三行语句输出的数字是 2.1234。第四行语句*xout,e$表示强制输出格式化后的数据，第四行输出的数字是 2.1。第五行语句~xout,e$也是调试输出，由于 xout 的值又被更新为 2.1，所以这一行语句的输出数字是 2.1。

运行结果：

X1.123456789

X2.1234

X2.1

X2.1

3.5.3　字符串输出

字符串输出（String Output）：可以通过引用字符串变量名输出字符串，也可以使用双引号直接输出字符串文字，还可以通过 ASCII 编码输出字符串。字符串输出语句通常也书写在后处理块内部。

1. 字符串变量输出

字符串变量输出，即输出字符串变量中的数据。操作方法是：在输出语句中直接引用字符串变量的名称，例如：

```
pcomment2           #Output Comment from manual entry
      if gcode$ = 1008, sopen_prn, scomm$, sclose_prn, e$    #Operation comment
      if gcode$ = 1051, sopen_prn, scomm$, sclose_prn, e$    #Machine name
      if gcode$ = 1052, sopen_prn, scomm$, sclose_prn, e$    #Group comment
      if gcode$ = 1053, sopen_prn, scomm$, sclose_prn, e$    #Group name
      if gcode$ = 1054, sopen_prn, scomm$, sclose_prn, e$    #File Descriptor
```

在上述代码中，sopen_prn、sclose _prn、scomm$均是字符串变量，sopen_prn 存储的数据是"（"字符，sclose _prn 存储的数据是"）"字符，scomm$存储的数据是备注信息。

当 NCI G 代码为 1008 时，输出"（操作备注）"；

当 NCI G 代码为 1051 时，输出"（机床名称信息）"；

当 NCI G 代码为 1052 时，输出"（群组备注）"；

当 NCI G 代码为 1053 时，输出"（群组名称）"；

当 NCI G 代码为 1054 时，输出"（文件描述）"。

2. 字符串文字输出

字符串文字输出，即输出后处理代码中引用的文字内容。操作方法是：在输出语句中使用双引号或单引号，输出代码中所引用内容。双引号表示强制输出引用内容，单引号表示依赖输出引用内容。例如：

"PROGRAM NAME ", sprogname$, e$

语句中"PROGRAM NAME "表示强制输出 PROGRAM NAME。

'PROGRAM NAME ', sprogname$, e$

语句中'PROGRAM NAME '表示当 sprogname$有数据输出时，输出 PROGRAM NAME。

3. ASCII 字符输出

ASCII 字符输出，即使用 ASCII 编码作为输出语句，输出 ASCII 编码所表示的内容。例如：

40, "PROGRAM NAME -", sprogname$, 41, e$

语句中 40，41 表示输出"("、")"字符，假设 sprogname$变量存储的数据是 0123，该语句的输出结果是：（PROGRAM NAME -0123）。

常用字符与 ASCII 码对照表见附录。

3.6 数组

前面讲到的数字变量和字符串变量都属于基本数据类型，对于简单的问题，应用基本数据类型就可以了。但是，对于复杂问题，如处理矢量数据时，使用基本数据类型就会显得烦琐。那么如何有效地处理这类复杂数据呢？其实在 MP 中我们可以应用数组来处理矢量数据。

数组（Arrays），是同一类型的数据有序的集合。MP 中数组和计算机高级语言中数组表现形式不同，MP 中数组没有指定的名称，因此也叫隐含阵列。

在声明与格式化变量时，只要将同类型的变量有序排列就视作定义为数组。数组被调用时，只要将第一个变量传递给调用函数，就可以向函数传递数组数据。

实例 3-3

定义两个 1×3 数组，将数组 1 的数据复制给数组 2，输出数组 2 的数据。

【解题思路】

先有序初始化变量，再使用 vequ()函数复制数据，最后在 psof$块中输出数据。

编写程序：

```
[POST_VERSION]  #DO NOT MOVE OR ALTER THIS LINE# V21.00 P0 E1 W21.00 T1447190134
M21.00 I0 O0
#功能:arrys
#代码源文件:源代码/第 3 章/3.6 数组/arrys.pst
fs 1 0.8
vec_x:0.        #定义数组 1
vec_y:0.
vec_z:1.
fmt 1 vec_x
fmt 1 vec_y
fmt 1 vec_z
vec_x1:0.       #定义数组 2
vec_y1:0.
```

```
    vec_z1:0.
    psof$
        vec_x1=vequ(vec_x)
        ~vec_x1,~vec_y1,~vec_z1,e$      #输出数组 2 的数据
```

代码分析：

1）在上述代码中，数字变量 vec_x、vec_y、vec_z 初始化和格式化为有序排列，这里可视为定义了一个含有三个数据的一维数组，不妨称数组 1。数字变量 vec_x1、vec_y1、vec_z1 经初始化也是有序排列，这里同样也可视为定义了一个含有三个数据的一维数组，不妨称数组 2。

2）数组 1 在 vec_x1=vequ(vec_x)语句中被函数 vequ()调用，调用时将数组 1 的第一个变量传递给了调用函数 vequ()，vequ()经过数据复制运算，将返回值赋值给数组 2，赋值时赋值对象是数组 2 的第一个变量 vec_x1。

3）~vec_x1,~vec_y1,~vec_z1,e$为调试输出语句，调试输出数字变量 vec_x1、vec_y1、vec_z1 未格式化的数据。

运行结果：

vec_x10.,vec_y10.,vec_z11.

3.7 本章小结

本章介绍了 MP 语言的基础知识，重点介绍了基本数据类型、数字格式定义、数字格式分配、数字变量输出、字符串变量输出等方面的基础知识。掌握这些基本知识，就可以解决程序编写过程中一般输出问题。学习本章内容最好边学边练习，通过编写与调试实践，去逐步深入地掌握相关应用规则。

第4章

语句与语法

内 容

本章将介绍 MP 语言基本语句与语法，重点介绍后处理块、运算符和表达式、程序流程控制等方面的基础知识。

目 的

通过本章学习使读者理解后处理块的定义及调用方法，掌握各种运算符和表达式的应用规则，掌握程序流程控制方法，并初步建立结构化与模块化后处理程序设计思路。

4.1 后处理块

前面章节已经介绍了一些基础知识，现在我们来编写一个简单程序，实现输出"Postblock"。编写这个程序的思路是：在程序开始后处理块中使用引号直接输出"Postblock"字符串，程序代码如下：

```
[POST_VERSION]    #DO NOT MOVE OR ALTER THIS LINE# V21.00 P0 E1 W21.00 T1447190134
M21.00 I0 O0
#posf$程序开始
psof$
        "Postblock",e$
```

以上代码，psof$程序段就是后处理块，这段代码实现了最简单的输出功能，输出结果为"Postblock"。接下来将介绍与后处理块相关的内容。

4.1.1 后处理块概念

后处理块（Postblocks），是实现特定功能或方法的程序模块，由块名（Lable）和块中语句（Postlines）构成。通过后处理块，可以进行常规的数值计算、处理 NCI 数据、调用 MP 例行程序、调用其他后处理块、输出 NC 等操作。

后处理块的名称，一般以字母 p、l、m 开头。以字母 p 开头的后处理块为常规后处理块，以字母 l 开头的后处理块为车削后处理块，以字母 m 开头的后处理块为铣削后处理块。

后处理块有两种基本类型：一种是系统预定义的后处理块，另一种是自定义的后处理块。系统预定义的后处理块是 MP 系统的一部分，它以"$"字符结尾命名。例如，psof$、pheader$、plin$ 等均属于系统预定义的后处理块。自定义的后处理块是用户定义的功能模块，它可以被调用，也可以相互调用。

无论是预定义的后理块，还是自定义的后处理块，书写时要注意块名（Postblocks Lable）要顶格书写，并且要单独占一行，而块中语句不能顶格书写，应按层次缩进书写。此外，块中连续书写的语句要以逗号隔开。块中语句可以是表达式语句、输出语句、控制语句、其他后处理块名、换行语句等。具体的书写格式如下：

```
后处理块名                              #块名（顶格书写）
    表达式语句                           #表达式语句
    if（表达式）                         #控制语句
      [
        if（表达式）                     #嵌套控制语句
        [
        输出语句, e$                     #输出语句, 换行语句    块中语句（按层次缩进书写）
        ]
      ]
    while（表达式）                      #控制语句
      [……]
    其他后处理块                         #调用其他后处理块
```

下面以代码形式，说明后处理块的内容格式：

```
pncoutput                              #移动输出后处理块，块名 pncoutput
    pcom_moveb                         #调用 pcom_moveb 后处理块
    comment$                           #调用 comment$ 系统预定义的后处理块
    pcan                               #调用 pcan 后处理块
    if mr_rt_actv,                     #if…else…语句
      [
      !cabs, !cinc                     #更新变量
      ]
    else,
      [
      if cuttype = zero, ppos_cax_lin  #嵌套条件语句，调用 ppos_cax_lin 后处理块
      ]
    if gcode$ = zero, prapidout        #条件语句，调用 prapidout 后处理块
    if gcode$ = one, plinout           #条件语句，调用 plinout 后处理块
    if gcode$ > one & gcode$ < four, pcirout  #条件语句，调用 pcirout 后处理块
    if mr_rt_rst,                      #条件语句
      [
      absinc$ = sav_absinc             #赋值语句
      mr_rt_rst = zero                 #赋值语句
```

```
            ]
     pcom_movea                              #调用 pcom_movea 后处理块
```

1）pncoutput 为后处理块名，它以字母 p 开头，顶格书写。

2）后处理块中的语句按层次缩进书写。

3）后处理块中语句可以是赋值语句、条件语句、换行语句等。

4）在后处理块中可以调用其他的后处理块。

4.1.2 预定义后处理块

预定义后处理块（Predefined Postblocks），是 MP 系统预定义的后处理块，块名以字母 p、l、m 开头，并以 "$" 字符结尾。预定义的后处理块是系统的一部分，它是处理 NCI G 代码、MP 例行程序的入口模块。也就是说，预定义的后处理块是系统预留的功能接口。MP 系统预定义的后处理块按类型大致可分为六类。

1. 预处理后处理块

预处理后处理块（Pre-Process Postblocks），是在读 NCI 数据之前被调用的模块。这类后处理块有两个，分别是 pprep$块、pq$块。pprep$块是后处理系统解析完 PST 文件，在打开 NC 和 NCI 文件之前预留的接口。pq$块是后处理系统打开了 NC 和 NCI 文件，但在读 NCI 数据之前预留的接口。

预处理后处理块，常用来设置后处理系统功能开关和运行例行程序，例如：

```
pprep$
     comm_filter$ = 0                        #允许输出所有的备注
     lusecandrill$ = no$                     #关闭 drill 固定循环
     lusecanpeck$ = no$                      #关闭 peck 固定循环
     lusecanchip$ = no$                      #关闭 chipbreak 固定循环
     lusecantap$ = no$                       #关闭 tap 固定循环
     lusecanbore1$ = no$                     #关闭 bore1 固定循环
     lusecanbore2$ = no$                     #关闭 bore2 固定循环
     lusecanmisc1$ = no$                     #关闭 misc1 固定循环
     lusecanmisc2$ = no$                     #关闭 misc2 固定循环
     spaces$ = 0                             #空格数量设置为 0
pq$
     stagetool = bldnxtool$                  #设置变量 stagetool 等于 bldnxtool$变量
     rd_cd$                                  #读控制器定义参数
     rd_md$                                  #读机床定义参数
     rd_tlpathgrp$                           #读刀路群组参数
     rd_params$                              #读操作参数
```

2. 准备后处理块

准备后处理块（Preparatory Postblocks），是后处理系统扫描完 NCI 数据，开始正常处理 NCI 数据前预留的接口模块。这类后处理块在铣削模块中有两个，分别是 pwrtt$块、

pwrttparam$块。

pwrtt$用于扫描 NCI 中的刀具信息，pwrttparam$用于扫描参数信息。例如，以下代码的功能是输出刀具信息、XY 余量信息和 Z 余量信息。

```
pwrtt$
        if t$ > 0 & gcode$ <> 1003, ptooltable
ptooltable
        *t$, pstrtool, *tlngno$, *tloffno$, *tldia$,e$#输出刀具信息
pwrttparam$
        if prmcode$ = 10010, xy_stock = rpar(sparameter$, 1)   #输出余量（XY）
        if prmcode$ = 10068, z_stock = rpar(sparameter$, 1)     #输出余量（Z）
```

3. 准备输出后处理块

准备输出后处理块（Pre-Output Postblocks），是调用标准后处理块之前预留的接口模块。这类后处理块和标准后处理块在命名上明显的区别是命名中包含 "0" 或 "00" 后缀，如 psof0$、ptlchg00$、plin0$、pcir0$、peof00$、prot0$等。但是也有例外，如 pheader$程序头块。

4. 标准后处理块

标准后处理块(Standard Postblocks)，是处理 NCI G 代码数据调用的接口模块。这类后处理块有 psof$、ptlchg$、prapid$、pdrill$、pmx$等。铣削模块常见的标准后处理块的名称和功能见表 4-1。

表 4-1 标准后处理块

块　名	功　能
pmiscint$	读取 NCI G1012 整型杂项变量
pmiscreal$	读取 NCI G1011 实型杂项变量
psof$	处理 NCI G1001 程序开始
ptlchg$	处理 NCI G1002 操作换刀
ptlchg0$	处理 NCI G1000 操作不换刀
prapid$	处理 NCI G0 快速移动
plin$	处理 NCI G1 线性移动
pcir$	处理 NCI G2G3 圆弧移动
prot$	处理 NCI G1000G1002 刀具平面转换
pmx$	处理 NCI G11 五轴移动
pdrill$	处理 NCI G81 钻孔
ppeck$	处理 NCI G81 啄钻
pchpbrk$	处理 NCI G81 深孔钻削
ptap$	处理 NCI G81 攻螺纹
pdrill_2$	处理 NCI 100 重复位置钻孔
ppeck_2$	处理 NCI 100 重复位置啄钻
pchpbrk_2$	处理 NCI 100 重复位置深孔钻削
ptap_2$	处理 NCI 100 重复位置攻螺纹
pparameter$	读取 1020~20000 参数数据
peof$	处理 NCI 1003 程序结束

5. 命令后处理块

命令后处理块（Command Postblocks），是正常处理 NCI 数据时调用的命令模块，如输出备注、输出子程序、输出固定循环等。这类后处理块有 pcomment$、psub_call_m$、psub_st_m$、psub_call_mm$、prcc_setup$等，其中 pcomment$用于输出备注到 NC 文件。例如，以下代码：

```
pcomment$
        if gcode$ = 1005, scomm$,e$          #备注作为注释
        if gcode$ = 1006, scomm$, e$         #备注作为代码
        if gcode$ = 1008, scomm$, e$         #操作备注
        if gcode$ = 1051, scomm$, e$         #机床名称备注
        if gcode$ = 1052, scomm$, e$         #群组名称备注
        if gcode$ = 1053, scomm$, e$         #群组名称
        if gcode$ = 1054, scomm$, e$         #文件名称描述
```

6. 结束处理后处理块

结束处理后处理块(Post-Process Postblocks)，是 NCI 数据处理结束时预留的接口模块。这类后处理块仅有一个，它的名称是 ppost$。当系统执行到 ppost$时，说明 NCI 数据已经处理结束并关闭了文件，因此在这个块可运行 Mastercam C-Hook 程序，以及外部可执行程序，例如，运行 DLL 程序、EXE 程序。

4.1.3 自定义后处理块

自定义后处理块（User-Defined Postblocks），是用户定义的后处理块，通常用来实现预定义后处理块的功能。自定义后处理块不会被作为处理 NCI 数据的入口，也不会被作为 MP 例行程序的入口。自定义后处理块一般被预定义后处理块间接调用，例如：

```
plin$                           #线性移动预定义后处理块
        pncoutput
pncoutput                       #Movement output
        pcom_moveb
        comment$
        pcan
        if mr_rt_actv,
          [
          !cabs, !cinc #No rotary in sub
          ]
        else,
          [
          if cuttype = zero, ppos_cax_lin
          ]
        if gcode$ = zero, prapidout
        if gcode$ = one, plinout
        if gcode$ > one & gcode$ < four, pcirout
        if mr_rt_rst,
```

```
        [
        absinc$ = sav_absinc
        mr_rt_rst = zero
        ]
    pcom_movea
```

以上代码，plin$是系统预定义的后处理块，pncoutput 是自定义后处理块，plin$块调用 pncoutput 块来处理 NCI 线性移动数据。

自定义后处理块的名称只能由字母（A～Z，a～z）、数字（0～9）、下划线（_）组成，并且第一个字符必须以 "p"、"l" 或 "m" 开头。例如，以下自定义后处理块命名均是合法的：

```
ptiltplane      # 以字为 p 开头的自定义后处理块
ldrill          # 以字母 l 开头的自定义后处理块
mtap            # 以字母 m 开头的自定义后处理块
```

实例 4-1

自定义程序头

【解题思路】在 pheader$块中，调用自定义后处理块，输出程序名称、程序创建时间和日期、NC 程序名称。

编写程序：

```
[POST_VERSION] #DO NOT MOVE OR ALTER THIS LINE# V21.00 P0 E1 W21.00 T1447190134
M21.00 I0 O0
#功能:自定义程序头
#代码源文件:源代码/第 4 章/4.1.3 自定义后处理块/user_header.pst
sopen_prn: "("
sclose_prn: ")"
pheader$
        puser_header
puser_header
    sopen_prn, "PROGRAM NAME - ", sprogname$, sclose_prn, e$
    sopen_prn, "DATE=DD-MM-YY - ", date$, " TIME=HH:MM - ", time$, sclose_prn, e$
    spathnc$ = ucase(spathnc$)
    snamenc$ = ucase(snamenc$)
    sopen_prn, "NC FILE - ", *spathnc$, *snamenc$, *sextnc$, sclose_prn, e$
```

运行结果如图 4-1 所示。

```
( PROGRAM NAME -   T )
( DATE=DD-MM-YY -    09-06-18   TIME=HH:MM -    18:47 )
( NC FILE -    C:\USERS\MYPC\DOCUMENTS\MY MCAM2019\MILL\NC\ T .NC )
```

图 4-1　自定义程序头运行结果

4.1.4　带参数后处理块

从 Mastercam 2018 起，自定义后处理块可以像高级语言中的函数一样，使用参数进行数据传递。也就是说，后处理块在调用时可以将实际的参数数据传递给定义时的形式参数。带参数后处理块一般格式为：

　　块名（参数 1，参数 2，参数 3，…）

上述格式，规定参数要用括号括起来，参数与参数之间要用逗号隔开。定义时，参数的数据类型只能是数字变量。调用时，参数的数据类型可以是数字变量、数字常量或两者混合。此外，还要注意调用时参数的数量要和定义的参数数量一致。例如：

```
arg1:10              #初始化参数 1
a:0                  #初始化变量 a
b:0                  #初始化变量 b
c:0                  #初始化变量 c
psof$                #预定义块
    poperator (arg1,20)   #调用 poperator 块
poperator(a ,b)      #定义带参数自定义块
    c=a+b, c, e$     #a+b 赋值给 c，输出 c
```

在以上代码中，poperator 是带参数后处理块，它带了 a、b 两个数字变量参数。调用时，将变量 arg1 的值传递给了变量 a，常量 20 传递给了变量 b，经过运算后变量 c 的值等于 30。所以输出结果是 c30。

接下来，在 psof$块中增加"~a,~b,e$"一行语句，将代码修改为：

```
arg1:10                  #初始化参数 1
a:0                      #初始化变量 a
b:0                      #初始化变量 b
c:0                      #初始化变量 c
psof$                    #预定义块
    poperator (arg1,20)  #调用 poperator 块
    ~a,~b,e$             #调试输出变量 a,b
poperator (a , b)        #定义带参数自定义块
    c=a+b, c, e$         #a+b 赋值给 c，输出 c
```

修改后，代码运行结果是：

```
c30
a10, b20
```

对于以上输出结果，输出 c30 按照之前的解释容易理解。输出 a10, b20 是因为后处理块参数变量的作用域是全局作用域，当调用 poperator (arg1, 20)时，变量 a 的值被更新为 10，变量 b 的值被更新为 20，所以输出结果是 a10, b20。

4.2　运算符和表达式

从前面章节例子中，我们可以看到几乎每个模块功能的实现都离不开运算。要进行运算，就需要掌握与运算相关的规则。接下来将介绍运算符和表达式。

运算符是对一个操作数或多个操作数进行运算的符号。运算符类型有算术运算符、赋值运算符、关系运算符、逻辑运算符。表达式是常量、变量、运算符组合的有意义的式子。表

达式类型有算术表达式、关系表达式、逻辑表达式。

1. 算术运算符和表达式

常见的算术运算符和表达式见表 4-2。

表 4-2 常见的算术运算符和表达式

运 算 符	意 义	表 达 式
+	加	a+b
-	减	a-b
*	乘	a*b
/	除	a/b
^	次方	a^2
-	取负（单目运算符）	-a

2. 赋值运算和赋值表达式

赋值运算，就是将一个数据或一个表达式赋值给一个变量。赋值表达式就是以 "=" 运算符连接的式子。例如，以下语句都是赋值运算：

```
x=3                 #常量 3 赋值给变量 x
x=y                 #变量 y 赋值给变量 x
x=y+3               #算术表达式赋值给变量 x
x=y^3               #算术表达式赋值给变量 x
stra=strb           #字符变量 strb 赋值给字符变量 stra
```

下面举例说明赋值运算：

```
[POST_VERSION] #DO NOT MOVE OR ALTER THIS LINE# V21.00 P0 E1 W21.00 T1447190134
M21.00 I0 O0
#赋值运算/算术运算
fs 1 1.3lt          #格式语句 ID1
fmt "c=" 1 c        #格式化变量 c
psof$
        poperator (10,20)
poperator(a ,b)
        c=a+b, c, e$      #a+b 赋值给 c
        c=b-a, c, e$      #b-a 赋值给 c
        c=a/b, c, e$      #a/b 赋值给 c
        c=a*b, c, e$      #a*b 赋值给 c
        c=a^2, c, e$      #a^2 赋值给 c
        c=-a, c, e$       #-a 赋值给 c
        c=b-(b-a), c, e$  #b-(b-a)赋值给 c
```

以上代码运行结果：

```
c=30.000
c=10.000
c=0.500
c=200.000
```

c=100.000

c=-10.000

c=10.000

3. 关系运算符和关系表达式

关系运算就是比较运算。例如,"gcode\$ > one & gcode\$ < four"语句,其中">"和"<"是比较运算符,用来做比较运算。MP 中关系运算符有:

= 等于

<> 不等于

< 小于

> 大于

>= 大于等于

<= 小于等于

关系表达式,就是用关系运算符连接起来的式子。关系表达式的值只有两个值:1 和 0,其中 1 表示真,0 表示假。例如:

x>y   #如 x 的值大于 y 的值,表达式的值为 1

a+b>c+d   #如 a+b 的值大于 c+d 的值,表达式的值为 1

abs(x\$)<>prv_x\$ #如 abs(x\$)的值不等于 prv_x\$的值,表达式的值为 1

4. 逻辑运算符和逻辑运算表达式

有时候,要对条件进行判断,不是一个简单的条件,而是几个条件的组合,几个条件的组合就需要多个表达式的组合。这时,就需要用到逻辑运算符来连接多个表达式进行逻辑运算。MP 中逻辑运算符有:

&逻辑与

| 逻辑或

用逻辑运算符将关系表达式连接起来的式子,就是逻辑表达式。逻辑表达式的值只有两个值:1 和 0。例如:

plane\$ = zero & (arctype\$ = one | arctype\$ = four)

假设,plane\$的值为 0,arctype\$的值为 2,上面逻辑表达式先计算(arctype\$ = one | arctype\$ = four)的值得到结果 0,再计算 plane\$ = zero & (0)的值得到结果 0,所以整个表达式的值为 0。

5. 运算符的优先级别

运算符的优先级别见表 4-3。

表 4-3 运算符的优先级别

优 先 级 别	运 算 符	运算符说明
最高优先级	( )	括号运算符
	−	求负单目运算符
	^	次方运算符
	*,/	乘除运算符
	+,−	加减运算符
	<, >, >=, <=, =, <>	比较运算符
最低优先级	&,|	逻辑运算符

从表 4-3 可以看出：

1）括号运算符优先级最高。

2）单目运算符的优先级低于括号运算符。

3）次方运算符的优先级低于求负单目运算符。

4）乘除运算符的优先级低于次方运算符。

5）加减运算符的优先级低于乘除运算符。

6）关系运算符的优先级低于加减运算符。

7）逻辑运算符的优先级最低。

4.3 流程控制语句

在介绍本节内容之前，先了解一下程序局部功能设计思路。一般程序局部功能的设计思路是以预定义的后处理块为入口，将功能细分为若干个模块，再以模块为中心，运用顺序、选择和循环这三种基本程序结构来描述问题、解决问题。例如，处理 NCI G1 数据的基本思路是：

1）以 plin$为入口；

2）在 plin$中调用自定义的处理块；

3）在自定义的处理块中实现局部功能。

用代码可描述为：

```
plin$                    #入口
    plinout              #自定义块
plinout                  #自定义块，实现功能
    xout=vequ(x$)
    "G1",xout,yout, zout,fr$,e$
```

上述思路，就是最基本的模块化和结构化设计思路，遵循这种设计思路可以使程序结构清晰，易于读懂、易于调试和修改。

1. 顺序控制语句

顺序控制语句，是按照书写顺序由上而下逐句执行，并且每条语句只能执行一次，执行流程如图 4-2 所示，先执行 A 语句，再执行 B 语句。例如，前面介绍的表达式语句就是按顺序执行的。

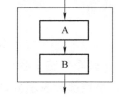

图 4-2 顺序结构执行流程

下面举例说明顺序控制语句的执行顺序：

```
psof$
    "DATE=DD-MM-YY - ", date$, " TIME=HH:MM - ", time$,e$        #第 1 行
    pathnc$ = ucase(spathnc$)                                   #第 2 行
    smcname$ = ucase(smcname$)                                  #第 3 行
    snamenc$ = ucase(snamenc$)                                  #第 4 行
    "NC FILE - ", *spathnc$, *snamenc$, *sextnc$, e$            #第 5 行
```

上述代码，从上至下逐行逐句运行，依次输出：

（DATE=DD-MM-YY -   09-06-18   TIME=HH:MM -   18:47）

(NC FILE -   C:\USERS\MYPC\DOCUMENTS\MY MCAM2019\MILL\NC\ T .NC)

从运行结果中，可以看出程序是按自上而下的顺序执行。

2. 选择控制语句

选择控制语句，是按设定条件进行判断，根据判断结果选择一个分支执行程序。选择语句有 if 语句和 if…else…语句两种。

if 语句一般形式：

if(表达式)，语句

上述格式，表达式可以是关系表达式、逻辑表达式，或者两者混合。例如：

if use_rot_lock & (cuttype <> zero | (index = zero & prv_cabs <> fmtrnd(cabs))), prot_unlock

if 语句执行流程如图 4-3 所示，先判断 if 表达式的值，如果表达式的值为真执行语句，如果表达式的值为假不执行该语句。

if…else…语句一般形式：

if(表达式)，语句 1

else，语句 2

上述格式中的表达式，可以是关系表达式、逻辑表达式或两者混合。

if…else…语句执行流程如图 4-4 所示，先判断表达式的值，如果表达式的值为真执行语句 1，如果表达式的值为假执行语句 2，语句 1 和语句 2 只能执行一个。

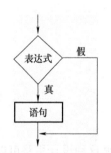

图 4-3 if 语句执行流程

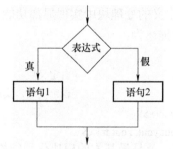

图 4-4 if…else…语句执行流程

实例 4-2

转换 24 小时制时间格式为 12 小时制时间格式

【解题思路】系统变量 time$ 存储的是 24 小时制时间数据，数据的整数部分表示小时，小数部分表示分钟。因此，可取整数部分转换为 12 小时制的小时，再取小数部分作为分钟。

编写程序：

```
[POST_VERSION] #DO NOT MOVE OR ALTER THIS LINE# V21.00 P0 E1 W21.00 T1447190134
M21.00 I0 O0
#功能：  转换 24 小时制时间格式为 12 小时制时间格式
#代码源文件:源代码/第 4 章/4.3 流程控制语句/if_else.pst
fs 1 2.2lt
fs 2 0 2lt
fs 3 2 0t
```

```
        fmt 1 time2
        fmt 2 min
        fmt 3 hour
        pheader$
            ptime,e$
    ptime  #转换 24 小时制时间格式为 12 小时制时间格式
            if time$ >= 13, time2 = (time$ - 12)
            else, time2 = time$
            hour = int(time2), min = frac(time2)
            *hour, ":", *min,
            if time$ > 12, " PM"
            else, " AM"
```

代码分析:

在 ptime 块中, 先使用 if…else…语句实现 12 小时制转换, 并将数据存在 time2 中, 然后使用 int()函数取 time2 的整数部分作为小时, 使用 frac()函数取 time2 的小数部分作为分钟, 再输出小时和分钟。最后使用 if…else…语句判断 time$是否大于 12, 如果是真输出 PM, 如果是假输出 AM。

运行结果:

11 :26   AM

3. 循环控制语句

循环控制语句, 是在给定条件成立的情况下, 反复执行某个程序段, 直到条件不成立时停止执行。循环语句有 while 语句, while 语句的一般形式为:

```
while (表达式),
    [
    语句
    ]
```

上述格式中表达式, 可以是关系表达式、逻辑表达式或两者混合。

while 语句执行流程如图 4-5 所示, 先判断表示式的值, 当表达式的值为真时执行循环体语句, 当表达式值为假时停止执行。

使用 while 语句应注意:

1) while 语句的表达式的值一定要是逻辑值, 也就表达式的值是 0 或 1。

2) while 语句的循环体语句执行次数取决于给定的条件。

3) 循环体如果有多条语句, 循环体要用中括号括起来。

4) 循环体中必须要有改变循环条件的语句, 使条件表达式的值能变为假, 只有这样才能结束循环。如果循环条件一直为真, 则循环永不结束, 造成死循环。

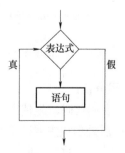

图 4-5   while 语句执行流程

将 BC 轴任意角度值转换为 0°～360°之间的角度值

【解题思路】如果角度值小于 0，利用 while 循环将数值加 360，直到数值不小于 0 终止循环；如果角度值大于等于 360，利用 while 循环将数值减 360，直到数值小于 360 终止循环。

编写程序：

```
[POST_VERSION] #DO NOT MOVE OR ALTER THIS LINE# V21.00 P0 E1 W21.00 T1447190134
M21.00 I0 O0
#功能:   将 BC 轴任意角度值转换为 0～360°之间的角度值
#代码源文件:源代码/第 4 章/4.3 流程控制语句/while.pst
fs 1 0.3
fmt "C" 1 cout
fmt "B" 1 bout
psof$
      cout=-120, bout=10          #给 cout，bout 赋值
      pmodbc(cout,bout)           #调用功能块
      cout, bout, e$              #输出 cout，bout
      cout=-180, bout=-360        #给 cout，bout 赋值
      pmodbc (cout, bout)         #调用功能块
      cout, bout, e$              #输出 cout，bout
pmodbc(cout,bout)                 #pmodbc 块，任意角度值转换为 0°～360°之间的角度值
      while cout<0,
          [
              cout=cout+360
          ]
      while cout>=360,
          [
              cout=cout-360
          ]
      while bout<0,
          [
              bout=bout+360
          ]
      while bout>=360,
          [
              bout=bout-360
          ]
```

代码分析：

1）上述代码，先使用 fmt 语句直接声明 cout 和 bout，然后定义了 pmodbc 后处理块。pmodbc 后处理块主要功能是将任意角度值转换为 0°～360°之间的角度值，该块是带参数后处理块，参数分别是 cout、bout。

2）pmodbc 块中使用了 4 个 while 循环语句，分别对 cout<0、cout>=360、bout<0、bout>=360 四种情况进行转换处理，使角度值转换为 0°～360°之间的角度值。从 4 个循

环条件中我们可以看出，如果 cout、bout 的值在 0°～360°之间，则不做处理。

3）psof$块是程序开始后处理块。在 psof$块中，先给变量 cout、bout 赋值，接着调用 pmodbc 进行角度转换，然后输出转换后的角度值。

运行结果：

C240. B10.

C180. B0.

4.4 本章小结

本章介绍了后处理块、运算符表达式、程序流程控制等方面的基础知识。本章内容旨在使读者理解后处理块的定义及调用方法，掌握各种运算符和表达式的应用规则，掌握程序流程控制方法，并初步建立结构化与模块化后处理程序设计思路。

第 **5** 章

特殊功能

内　容

本章将介绍 MP 的特殊功能，重点介绍字符串选择、查表选择、交互式输入输出、缓冲文件和读取参数数据等方面的知识。

目　的

通过本章学习使读者掌握字符串选择输出、缓冲文件输入和输出数据、读取参数数据的应用方法，理解 MP 查表功能及其用途。

5.1　字符串选择

字符串选择功能（String Select Function），就是参照数字变量的数值，选择输出字符串。例如，根据数字变量 plane$的值选择输出平面选择指令。利用先前所学知识，我们可以在后处理块中编写一些判断语句，当 plane$=0 时输出"G17"，plane$=1 时输出"G19"，plane$=2 时输出"G18"，代码如下：

```
sgplane   : ""
psgplane
       if plane$=0,sgplane="G17", sgplane
       if plane$=1,sgplane="G19", sgplane
       if plane$=2,sgplane="G18", sgplane
```

下面换一种方式，用更简洁的字符串选择语句来实现上述功能，代码如下：

```
sg17     : "G17"
sg19     : "G19"
sg18     : "G18"
sgplane : ""
fstrsel sg17 plane$ sgplane 3 -1
```

观察上述代码，可以看出字符串选择语句由三部分组成：

● 被选择的字符串变量列表

● 目标输出字符串变量

● 字符串选择声明语句

其中，字符串选择声明语句的一般格式是：

fstrsel 1 2 3 4 5

fstrsel 为关键字，1～5 为参数，各参数的含义如下：

1）参数 1 为被选择的第一个字符串变量。

2）参数 2 为参考的数字变量。

3）参数 3 为目标输出字符串变量，用来存储选择的结果。

4）参数 4 为被选择的字符串变量的数量。

5）参数 5 通常为-1，表示当参考数字变量的值不在正常范围时指定的参考值。

在使用字符串选择功能时，要注意声明语句要顶格书写，且代码要放在声明区域。下面再举例说明字符串选择功能的应用方法。

补充知识点视频：光盘:\视频\03 字符串选择应用.mp4

实例 5-1

参考 month$变量值，输出当前月份

【解题思路】先在声明区域定义 fstrsel 语句，然后在 psof 块中输出当前月份。

编写程序：

```
[POST_VERSION]  #DO NOT MOVE OR ALTER THIS LINE# V21.00 P0 E1 W21.00 T1447190134
M21.00 I0 O0
#功能:字符串选择
#代码源文件:源代码/第 5 章/5.1 字符串选择/fstrsel.pst
# Month selector
smon0    : ""
smon1    : "JAN."
smon2    : "FEB."
smon3    : "MAR."
smon4    : "APR."
smon5    : "MAY."
smon6    : "JUN."
smon7    : "JUL."
smon8    : "AUG."
smon9    : "SEP."
smon10   : "OCT."
smon11   : "NOV."
smon12   : "DEC."
smonth   : ""    #目标输出字符串变量
fstrsel smon0 month$ smonth 13 -1
psof$
      *smonth,e$
```

代码分析：

上述代码，先在声明区域定义了被选择的字符串列表 smon0~smon12，然后定义了存储选择结果的字符串变量 smonth，接着声明了字符串选择语句 fstrsel smon0 month$ smonth 13

-1，该语句表示根据数字变量 month$的数值从字符串变量 smon0~smon12 中选择字符串，将选择结果存储在字符串变量 smonth 中，然后在 psof$块中输出结果。

运行结果：

JUN.

5.2　查表功能

查表功能（Lookup Table Function），就是在预设的数据表中按条件匹配关键数据，然后输出与关键数据相关联的数据。查表功能是通过 flook、frange、finc 这三个函数来操作的。

MP 中数据表是通过 flktbl 语句定义的。flktbl 语句的一般格式是：

```
flktbl    编号    行数
          value1   match1
          value2   match2
          value3   match3
          value4   match4
          ……
```

以上格式中，"flktbl"是声明数据表的关键字。"编号"，即表的数字编号，数值范围为 1~32000。"行数"为数据所占的行数。在数据表中，第一列数据表示与关键数据相关联的数据，第二列数据表示被匹配的关键数据。定义数据表时，注意关键字"flktbl"要顶格书写，而表中数据不能顶格书写。例如，下面定义的数据表是合法的：

```
# 定义变速挡位选择数据表
flktbl  1      3        #数据表编号为1，数据表行数为3
        40     0        #低挡
        41     500      #中挡
        42     2000     #高挡
```

数据表定义好之后，可以通过 flook、frange、finc 这三个函数来调用它，调用格式为：

返回值=flook(表编号 ,参考值)

返回值=frange(表编号 ,参考值)

返回值=finc(表编号 ,参考值)

1. flook 函数

flook 函数表示匹配数据表第二列数据，当数据和参考值最接近时返回数据表当前行的第一列数据。例如：

```
# 定义变速挡位选择数据表
flktbl  1      3        #数据表编号为1，数据表行数为3
        40     0        #低挡
        41     500      #中挡
        42     2000     #高挡
```

scode=flook(1,ss)

以上代码，如果变量 ss 的值为 200，可以看出 ss 的值更接近数据表中第二列数据 0，因此 flook 函数的返回值为 40，scode 变量的值也为 40。

2. frange 函数

frange 函数表示匹配数据表的第二列数据，当数据和参考值接近并且不大于参考值时返回数据表当前行的第一列数据。例如：

```
# 定义变速挡位选择数据表
flktbl  1      3        #数据表编号为 1，数据表行数为 3
        40     0        #低挡
        41     500      #中挡
        42     2000     #高挡

scode=frange(1,ss)
```

以上代码，如果变量 ss 的值为 1250，可以看出 ss 的值在 500～2000 之间。由于 500 不大于 1250，所以 frange 函数的返回值为 41，scode 变量的值也为 41。

3. finc 函数

finc 函数表示匹配数据表的第二列数据，当数据和参考值相同时，返回数据表当前行的第一列数据的增量值，该功能常用于计数。例如：

```
tooltable$: 2
t:0
t1_timesused: 0         #存储 t1 的使用次数
t2_timesused: 0         #存储 t2 的使用次数
t3_timesused: 0         #存储 t3 的使用次数
flktbl  1      3        #数据 ID 编号为 1，数据行数为 3 行
        0      1        #数字 1 增量计数器
        0      2        #数字 2 增量计数器
        0      3        #数字 3 增量计数器
pwrtt$                  #扫描 t1~t3 的使用次数
        t=abs(t$)
        if t=1,t1_timesused=finc(1,t)    #当刀具号等于 1 时，计数加 1
        if t=2,t2_timesused=finc(1,t)    #当刀具号等于 2 时，计数加 1
        if t=3,t3_timesused=finc(1,t)    #当刀具号等于 3 时，计数加 1
psof$
        ~t1_timesused,~t2_timesused,~t3_timesused,e$    #输出 t1~t3 的使用次数
```

上述代码，主要功能是统计 t1～t3 的使用次数。实现方法是先用 flktbl 声明数据表，然后在 pwrtt$块中使用 finc 函数调用数据表进行计数，并将使用次数存储在 t1_timesused、t2_timesused、t3_timesused 三个变量中，最后在 psof$块中输出统计的结果。

5.3 交互式输入输出

交互式输入输出（Prompt Input/Output），也就是在后处理过程中，弹出简单的对话框，向用户输出提示信息，或者让用户输入数据。例如，输出错误信息、输出校验结果、提示输入刀具长度、提示输入原点偏移等。

1. mprint 输出提示信息

在 MP 中，可以通过 mprint 函数调用消息对话框，向用户输出提示信息。mprint 函数的一般形式为：

result=mprint(real_var)

result=mprint(string_var)

在上述格式中，real_var 表示传递的参数为数字常量或数字变量，string_var 表示传递的参数为字符串或字符串变量。result 表示返回值，当返回值为 0 时表示传递的参数为数字常量或数字变量，当返回值为 1 时表示传递的参数为字符串或字符串变量。例如，图 5-1 所示代码，可以向用户输出提示信息。

```
[POST_VERSION]  #DO NOT MOVE OR ALTER THIS LINE# V21.00 P0 E1 W21.00 T1447190134
M21.00 I0 O0
result:-1
s1:"error message1"
real_var:123
psof$
    result=mprint(s1),*result            #输出字符串变量中的提示信息
    result=mprint("error message2"),*result    #直接输出字符串提示信息
    result=mprint(real_var),*result       #输出数字变量提示信息
    result=mprint(456),*result,e$         #输出数字常量提示信息
```

运行结果为：

result 1, result 1, result 0, result 0,

图 5-1 mprint 输出提示信息

实例 5-2

检查攻螺纹操作使用的刀具是否正确，如果不正确输出刀具选择错误提示信息。检查攻螺纹主轴转速是否为 0，如果转速为 0 输出警告信息。

【解题思路】在 ptap$ 后处理块中，使用 mprint 函数输出提示信息。

编写程序：

```
[POST_VERSION]  #DO NOT MOVE OR ALTER THIS LINE# V21.00 P0 E1 W21.00 T1447190134
M21.00 I0 O0
#功能:mprint
#代码源文件:源代码/第 5 章/5.3 交互式输入输出/mprint.pst
op_num:0
serror1: "error tool for tapping"
serror2: "spindle speed is 0"
```

```
    result:-1
    ptap$
        op_num=opinfo(15240,0)
        if not(tool_typ$=4 | tool_typ$=5), result=mprint("OP"+no2str(op_num)+serror1)
        if abs(ss$)=0, result=mprint("OP"+no2str(op_num)+serror2)
```

程序分析：

上述代码，先在声明区域声明了字符串变量 serror1、serror2，用来存放错误提示信息，接着在 ptap$ 块中调用 opinfo 函数获取当前操作 ID，然后判断 tool_typ$ 是否为攻螺纹刀具，如果不正确，调用 mprint 函数输出错误信息提示，之后再判断主轴转速是否为 0，如果主轴转速为 0，调用 mprint 函数输出错误信息提示。

运行结果：

当刀具选择错误时，输出图 5-2 所示提示信息。

图 5-2   刀具选择错误提示信息

当主轴转速为 0 时，输出图 5-3 所示提示信息。

图 5-3   主轴转速为零提示信息

2. fq 提示输入功能

有时后处理执行过程中，需要提示用户输入数据。例如，无刀尖跟随五轴机床后处理，执行时需要提示用户输入刀具长度、原点偏移等数据。对于这样的需求，我们可以通过提示输入功能来提醒用户输入数据。提示输入功能的定义和调用方法如下：

（1）提示输入功能的定义   提示输入功能声明语句的一般格式是：

fq   编号   接收数据的变量   "提示信息"

例如，

fq 1 ori_xoffset "Enter origin X coordinate offset"

fq 2 ori_yoffset "Enter origin Y coordinate offset"

fq 3 ori_zoffset "Enter origin Z coordinate offset"

fq 4 spro_name "Enter program name"

上述格式中：

1）fq 为关键字，注意要顶格书写。

2）数字 1~4 为 fq 语句的编号，编号值不可以超过 20。

3）ori_x offset、ori_y offset、ori_z offset 为数字变量，用来存储用户输入的数字型数据，spro_name 为字符串变量，用来存储用户输入的字符串型数据。

4）双引号引用的字符串为对话框的提示信息，注意提示信息的长度不可以超过 80 个字符。提示信息也可以引用变量值，引用格式为//变量//，如 fq 5 tllen "Enter //t$// tool length"。

（2）提示输入的调用 声明了提示输入功能之后，就可以在后处理块中调用它。调用提示输入功能一般格式是：

q 编号(注意是小写的 q)

例如：

pq$

  q1,q2,q3　　　　#调用 fq1~fq3 定义的提示输入功能

  q4　　　　　　　#调用 fq4 定义的提示输入功能

实例 5-3

实现原点偏移提示输入功能

【解题思路】先用 fq 定义提示输入功能，然后在 pq$块中调用它们。

编写程序：

[POST_VERSION] #DO NOT MOVE OR ALTER THIS LINE# V21.00 P0 E1 W21.00 T1447190134

M21.00 I0 O0

#功能:提示输入功能

#代码源文件:源代码/第 5 章/5.3 交互式输入输出/prompt_questions.pst

ori_xoffset :0　　　　#变量定义，用于接收原点偏移数据

ori_yoffset :0

ori_zoffset :0

fq 1 ori_xoffset "Enter origin X coordinate offset"　　　#定义提示输入功能

fq 2 ori_yoffset "Enter origin Y coordinate offset"

fq 3 ori_zoffset "Enter origin Z coordinate offset"

pq$

  q1,q2,q3　　#输入原点偏移 #调用提示输入功能

程序分析：

上述程序，先声明了三个数字变量 ori_xoffset、ori_yoffset、ori_zoffset，用于接收输入数据，接着用 fq 语句定义三个提示输入功能，用于提示用户输入 X、Y、Z 原点偏置数据，最后在 pq$块中调用提示输入功能。

运行结果如图 5-4 所示。

Combined Post Processor - E:\Documents\shared Mcam2018\mill\Posts\MPFAN.PST

Enter origin X coordinate offset

0.0

Combined Post Processor - E:\Documents\shared Mcam2018\mill\Posts\MPFAN.PST

Enter origin Y coordinate offset

0.0

Combined Post Processor - E:\Documents\shared Mcam2018\mill\Posts\MPFAN.PST

Enter origin Z coordinate offset

0.0

图 5-4   原点偏置提示输入对话框

5.4   缓冲文件

缓冲文件（Buffer File），指后处理过程中读写的临时文件。在 MP 中，可以利用缓冲文件功能，将数据写入到临时文件中，或者从临时文件中读入数据。缓冲文件的内容可能是用户输入的补充数据，也可能是需要导出的工艺数据，还可能是运算用的临时数据。

缓冲文件按存储的数据类型可分为两种类型：一种是字符串型缓冲文件，另一种是数字型缓冲文件。字符串型缓冲文件的内容由多行字符串构成，数字型缓冲文件的内容由多行数字组成。

1. 声明和初始化

要使用缓冲文件，必须先声明缓冲文件。声明缓冲文件的一般格式是：

fbuf 1 2 3 4 5

上述格式，fbuf 为关键字，1～5 为参数，各参数的含义如下：

1）参数 1，表示缓冲文件的 ID 编号，数值范围为 1～10，也就是最多只能定义 10 个缓冲文件。

2）参数 2，表示是否保留缓冲文件，数值为 0 或 1。当参数值为 1 时表示后处理结束后保留缓冲文件，当参数值为 0 时表示后处理结束删除缓冲文件。

3）参数 3，表示每行数据的列数。当缓冲文件的数据类型为字符串时，表示每行最多有多少个字符。例如，fbuf 1 0 80 0 1 语句中参数 3 的数值为 80，表示每行最多 80 个字符。当缓冲文件的数据类型为数字时，表示每行有多少个数字。例如，fbuf 2 0 3 0 0 语句中参数 3 的数值为 3，表示每行有 3 个数字。

4）参数 4，表示是否初始化，数值为 0 或 1。当参数值为 1 时表示初始化，当参数值为 0 时表示不初始化。

5）参数 5，定义缓冲文件的类型，数值为 0 或 1，0 表示数字型，1 表示字符串型。

2. 缓冲文件名

缓冲文件名包含路径、文件名称和扩展名三个部分。缓冲文件名可以通过系统变量 sbufname1\$~sbufname10\$来定义，例如：

```
sbufname1$ : "E:\Documents\shared Mcam2019\mill\Posts\tools.txt"
sbufname2$ : "d:\buffer.dat"
```

3. 缓冲文件读写操作

缓冲文件声明好之后，就可以对它进行读写操作。缓冲数据的读写都是按顺序进行的。在写操作时先写入的数据存放在文件的前面位置，后写入的数据存放在文件的后面位置。在读操作时先读入文件前面的数据，后读入文件后面的数据。

（1）rbuf 读缓冲文件 读缓冲文件是通过 rbuf 函数实现的，rbuf 函数形式是：

```
rbuf(编号，记录索引)
```

上述格式，rbuf 为函数名，第一个参数表示缓冲文件的 ID 编号，第二个参数表示记录索引。当索引为 0 时，函数返回值为缓冲文件总行数。当索引为变量时，执行完 rbuf 语句后索引变量值会自动加 1。

下面举例说明如何读入缓冲文件：

```
rc1: 1                          #记录索引初始化
string1: ""                     #声明字符串变量，存放读入的数据
sbufname1$: "E:\Documents\shared Mcam2019\mill\Posts\buf1.txt" #定义文件名
fbuf 1 0 80 1 1                 #声明缓冲文件 1
psof$
   string1 = rbuf ( 1, rc1 )    #读记录 1 的数据，赋值给 string1
  *string1,e$                   #输出记录 1 的内容
```

上述代码，先在声明区域声明了记录索引、接收数据的变量、缓冲文件名。然后，使用 fbuf 声明了缓冲文件，缓冲文件 ID 编号为 1，缓冲文件数据类型为字符串型，每行最多 80 个字符。接着，在 psof\$块中通过 rbuf 函数读取缓冲文件，将记录 1 的数据赋值给 string1，并输出记录 1 的内容。

```
rc2: 1                          #记录索引初始化
var1_1: 0                       #接收数据变量 var_1~var_3
var1_2 : 0
var1_3 : 0
```

sbufname2$: "E:\Documents\shared Mcam2019\mill\Posts\buf2.txt" #定义文件名

fbuf　2 0 3 1 0　　　　　　　#声明缓冲文件 2

psof$

　　　var1_1 = rbuf (2, rc2)

上述代码，先在声明区域声明了记录索引、接收数据的变量、缓冲文件路径。然后，使用 fbuf 声明了缓冲文件，缓冲文件 ID 编号为 2，缓冲文件数据类型为数字型，每行 3 个数据。接着，在 psof$块中通过 rbuf 函数读取缓冲文件，将记录 1 的数据赋值给 var_1~var_3。

（2）wbuf 写缓冲文件　写缓冲文件是通过 wbuf 函数实现的，wbuf 函数形式为：

wbuf(编号，记录索引)

上述格式，wbuf 为函数名，第一个参数表示缓冲文件的 ID 编号，第二个参数表示记录索引。当索引为变量时，执行完 wbuf 语句后索引变量值会自动加 1。

下面举例说明如何写缓冲文件：

wc1: 1　　　　　　　　　　#记录索引初始化

string1 :"this is a buffer file "　　　#声明字符串变量，存放写入的数据

sbufname1$: "E:\Documents\shared Mcam2019\mill\Posts\buf1.txt" #定义文件名

fbuf　1 1 80 0 1　　　　　　#声明缓冲文件 1

psof$

　　　string1 = wbuf (1, wc1)　　#将 string1 的数据写入记录 1 中

上述代码，先在声明区域声明了记录索引、存储写入数据的变量、缓冲文件路径。然后，使用 fbuf 声明了缓冲文件，缓冲文件 ID 编号为 1，缓冲文件数据类型为字符串型，每行最多 80 个字符，处理结束时保留缓冲文件。接着，在 psof$块中通过 wbuf 函数写缓冲文件，将 string1 的值写入到记录 1 中。

wc2: 1　　　　　　　　#记录索引初始化

var1_1: 0.1　　　　　　#存放写入数据的变量 var_1~var_3

var1_2 : 0.2

var1_3 : 0.3

sbufname2$: "E:\Documents\shared Mcam2019\mill\Posts\buf2.txt" #定义文件名

fbuf　2 1 3 0 0　　　　#声明缓冲文件 2

psof$

　　　var1_1 = wbuf (2, wc2)

上述代码，先在声明区域声明了记录索引、存放写入的变量、缓冲文件路径。然后使用 fbuf 声明了缓冲文件，缓冲文件 ID 编号为 2，缓冲文件数据类型为数字型，每行 3 个数据，处理结束时保留缓冲文件。接着，在 psof$块中通过 wbuf 函数写缓冲文件，将变量 var_1~var_3 的值写到记录 1 中。

（3）关闭缓冲文件　为了防止误操作，在使用完缓冲文件后应该关闭它们。关闭缓冲文件使用 fclose 函数，fclose 函数的一般形式是：

fclose(缓冲文件 ID 编号)

例如，fclose(1) 表示关闭缓冲文件 1。

fclose 函数带返回值，当关闭文件成功时返回值为 0，当关闭文件失败时返回值为 1。

输出每个操作最大 Z 坐标值和最小 Z 坐标值

【解题思路】在 pwrrtt$块扫描每个操作最大 Z 坐标值和最小 Z 坐标值，将数据存储在缓冲文件中，然后在 psof$、ptlchg0$、ptlchg$块中输出数据。

编写程序：

```
[POST_VERSION]  #DO NOT MOVE OR ALTER THIS LINE# V21.00 P0 E1 W21.00 T1447190134
M21.00 I0 O0
#功能:输出 Zmin Zmax
#代码源文件:源代码/第 5 章/5.4 缓冲文件/zminzmax.pst
tooltable$     : 3         #调用 pwrtt$
# -------------------------------------------------------------
# 定义缓冲文件
# -------------------------------------------------------------
rc1            : 2         # 读缓冲文件初始记录
wc1            : 1         # 写缓冲文件初始记录
fbuf 1 0 4 0 0             # 声明缓冲文件 1
op_id          : 0         # 刀路操作内部 ID
g_code         : 0         #NCI G 代码
zmax           : 0         #Z 坐标最大值
zmin           : 0         #Z 坐标最小值
pwrtt$
       pwbuf              #调用 pwbuf，将 op_id、g_code、zmax、zmin 写入缓冲文件中
       !op_id$            #更新 prv_op_id$
pwbuf                     #写缓冲文件块
    if gcode$=1001|(gcode$=1000 &op_id$<>prv_op_id$) |gcode$=1002 |gcode$=1003,
      [
      op_id=  prv_op_id$
      g_code= prv_gcode$
      zmax   = z_max$
      zmin   = z_min$
      op_id = wbuf(1, wc1)
      !gcode$
      ]
prbuf                     #读缓冲文件块
    if gcode$=1001|(gcode$=1000 &op_id$<>prv_op_id$) |gcode$=1002,
      [
      op_id=rbuf(1,rc1)
      *op_id,*g_code,*zmax,*zmin,e$
      ]
psof$
       prbuf              #调用 prbuf，输出 op_id、g_code、zmax、zmin
       !op_id$
```

```
ptlchg0$
    prbuf                #调用 prbuf，输出 op_id、g_code、zmax、zmin
    !op_id$
ptlchg$
    prbuf                #调用 prbuf，输出 op_id、g_code、zmax、zmin
    !op_id$
```

代码分析：

以上代码，先声明了缓冲文件、存放数据的变量，接着定义了两个功能块 prbuf 和 pwbuf，用来实现读写操作，最后在 psof$、ptlchg$、ptlchg0$块中输出 op_id、g_code、zmax、zmin。代码中一些语句的含义解释如下：

1）tooltable$：3 语句中 tooltable$是系统功能开关，用来设置是否启用 pwrtt$块。tooltable$：0 表示不启用，tooltable$：1 表示启用但不预读 NCI G1003，tooltable$：3 表示启用并预读 NCI G1003。

2）fbuf 1 0 4 0 0 语句，表示声明缓冲文件，缓冲文件 ID 编号为 1，缓冲文件数据类型为数字型，每列 4 个数据，处理结束时不保留缓冲文件。

3）pwbuf 块，定义写缓冲操作，将先前操作中 op_id$、gcode$、z_max$、z_min$数据以二进制形式写入缓冲文件。块中 if gcode$=1001|(gcode$=1000 &op_id$<>prv_op_id$)|gcode$=1002|gcode$=1003 语句，表示执行的条件是当 NCI G 代码是 1001 时，或 NCI G 代码是 1000 并且操作内部 ID 不同时，或 NCI G 代码是 1002 或 1003 时，执行写入操作。

4）prwbuf 块，定义读缓冲操作，从第二个记录开始读入 op_id、g_code、zmax、zmin 数据。块中 if gcode$=1001|(gcode$=1000 &op_id$<>prv_op_id$)|gcode$=1002 语句，表示执行的条件是当 NCI G 代码是 1001 时，或者 NCI G 代码是 1000 并且操作内部 ID 不同时，或者 NCI G 代码是 1002 时，执行读入操作。

5）psof$块，表示程序开始后处理块。ptlchg0$块，表示操作不换刀后处理块。ptlchg$块，表示操作换刀后处理块。

运行结果：

op_id 1, g_code 1001, zmax 25, zmin 0

op_id 2, g_code 1000, zmax 25, zmin -10

op_id 3, g_code 1000, zmax 25, zmin 3

5.5 读参数数据

参数数据是软件预设的用户输入的原始数据，它包含刀路操作参数、刀具参数、机床定义参数、控制器定义参数、机床群组参数。参数数据和 NCI 数据不一样，参数数据和系统变量之间不存在内在联系，所以它们的数据不是通过系统变量访问的，而是通过专用函数来访问的。下面按参数的类型，介绍如何访问和读取各类参数数据。

1. 刀路操作参数数据

刀路操作参数数据，存储在 MCX 文件中，数据的编号范围是 10000~16999。这些数据可通过 opinfo 函数进行读取操作，读取操作的语句格式是：

var=opinfo(参数编号，0)

上述格式，var 是接收变量，opinfo 是操作函数，函数中第一个参数表示参数的编号，第二个参数 0 表示读取当前操作的参数数据。

下面的代码，可以读取当前操作的类型名称：

```
sopname: ""#接收数据的变量
pparameter$
    if prmcode$=10000,
    [
      sopname=opinfo(10000,0) ,~sopname,e$
    ]
```

代码分析：

上述代码，先定义 sopname 变量用来接收数据，然后在 pparameter$块中通过 opinfo 函数读取当前操作的类型名称，并输出类型名称。块中 if prmcode$=10000 语句表示，如果参数编号等于 10000，则执行读取和输出。

2. 刀具参数数据

刀具参数数据，存储在 MCX 文件中，数据的编号范围是 20000～29999。这些数据可通过 opinfo 函数进行读取操作，读取操作的语句格式是：

var=opinfo(参数编号，0)

上述格式，var 是接收变量，opinfo 是操作函数，函数中第一个参数表示参数的编号，第二个参数 0 表示读取当前操作的参数数据。

下面的代码，可以读取当前操作的刀具名称：

```
stlname: ""#接收数据的变量
pparameter$
    if prmcode$=20001,
    [
      stlname=opinfo(20001,0) ,~stlname,e$
    ]
```

代码分析：

上述代码，先定义 stlname 变量用来接收数据，然后在 pparameter$块中通过 opinfo 函数读取当前操作的刀具名称，并输出刀具名称。块中 if prmcode$=20001 语句表示，如果参数编号等于 20001，则执行读取和输出。

3. 机床定义参数数据

机床定义参数数据，存储在 MCX 文件中，数据的编号范围是 17000～17999。这些数据可通过 mdinfo 函数进行读取操作，读取操作的语句格式是：

var=mdinfo(参数编号，组件 ID)

上述格式，var 是接收变量，mdinfo 是操作函数，函数中第一个参数表示参数的编号，第二个参数表示组件 ID 编号。

下面的代码，可以读取当前机床定义中指定的旋转轴指令字：

```
srot_lab: ""   #旋转轴名称变量
```

```
ent_id_x:0              #定义组件的入口 ID
ent_id_y:0
ent_id_z:0
ent_id_a:0
ent_id_b:0
ent_id_c:0
pprep$
    syncaxis$=opinfo(8,0,0)              #获取轴组合 ID
    ent_id_x= acomboinfo(1,syncaxis$) #获取轴组件 ID
    srot_lab=mdinfo(17397,ent_id_b)   #获取 B 轴指令字
```

代码分析：

上述代码，先定义 srot_lab 变量用来接收数据，然后定义组件入口 ID，接着在 pprep$块中通过 opinfo 函数读取当前轴组合 ID，并通过 acomboinfo 函数获取组件 ID，最后通过 mdinfo 函数读取旋转轴指令字并将数据存储在 sort_lab 中。

4. 控制器定义参数数据

控制器定义参数数据，存储在 MCX 文件中，数据的编号范围是 18000~18999。这些数据可通过 cdinfo 函数进行读取操作，读取操作的语句格式是：

var=cdinfo(参数编号)

上述格式，var 是接收变量，cdinfo 是操作函数，函数只有一个参数，该参数表示控制器定义参数数据 ID 编号。

下面代码，可以获取当前控制器定义是否支持磨耗补偿信息：

```
support_wear:0
pprep$
    support_wear = cdinfo(18706)
pheader$
    ~support_wear,e$
```

代码分析：

上述代码，先定义了接收数据变量 support_wear，然后在 pprep$块中通过 cdinfo 函数获取数据，最后在 pheader$块中输出数据。

5. 机床群组参数数据

机床群组参数数据，存储在 MCX 文件中，数据的编号范围是 19000～19999。这些数据可通过 groupinfo 函数进行读取操作，读取操作的语句格式是：

var=groupinfo(参数编号)

上述格式，var 是接收变量，groupinfo 是操作函数，函数只有一个参数，该参数表示机床群组参数数据 ID 编号。

下面代码，可以获取当前机床群组名称：

```
sgroup_name:""
pprep$
    sgroup_name = groupinfo(19248)
```

pheader$

    ~sgroup_name,e$

代码分析：

上述代码，先定义了接收数据的变量 sgroup_name，然后在 pprep$ 块中通过 groupinfo 函数获取数据，最后在 pheader$ 块中输出数据。

5.6　本章小结

本章介绍了字符串选择、查表选择、交互式输入输出、缓冲文件和读取参数数据等方面的知识。本章内容旨在使读者掌握字符串选择输出、缓冲文件输入和输出数据、读取参数数据的应用方法，理解 MP 查表功能及其用途。

第6章

系统函数

内 容

　　本章将介绍 MP 系统函数，重点说明系统函数的功能与用途、参数含义，以及调用方法等。

目 的

　　通过本章学习使读者理解系统函数的功能与用途，掌握各函数在数值计算、数据处理、数据转换时的应用方法。

6.1　系统函数类型

　　通过前面章节的学习，我们已经可以编写后处理程序了。在编写时，如果所有的功能都自行开发，工作就会显得烦琐。为了提高开发效率，可以调用系统函数，利用系统已经定好的功能模块，去实现程序的局部功能。

　　MP 系统函数，就是内核提供的一系列库函数。这些函数，按实现的功能类型分类有：

- 数值计算函数
- 字符串处理函数
- 文件操作函数
- 数据转换函数
- 堆栈操作函数

6.2　数值计算函数

　　数值计算函数（Math Functions），用来实现数学运算功能，如 sin(a)函数实现求 a 的正弦值。在 MP 中，数值计算函数包括基本数学运算函数、三角函数、矢量计算函数、矩阵运算函数等。

1. 基本数学运算函数

基本数学运算函数有求绝对值、求平方根、求自然对数、取整数、取小数等函数，见

表 6-1。

表 6-1　基本数学运算函数

函　　数	功　能　描　述
abs(x)	求绝对值
fmtrnd(x)	取格式化圆整值
frac(x)	取小数
int(x)	取整数
log(x)	求以 e 为底的对数
log10(x)	求以 10 为底的对数
round(x)	圆整为整数
sqrt(x)	求平方根

说明：

1）abs 函数，用来求绝对值，函数返回值为参数 x 的绝对值。

2）fmtrnd 函数，用来取变量格式化后的圆整值。如果参数 x 没有被分配数字格式，函数将使用默认的数字格式进行圆整。函数的返回值为参数 x 被圆整后的数值。

3）frac 函数，用来取数字量的小数部分，函数的返回值为参数 x 的小数部分。

4）int 函数，用来取数字量的整数部分，函数的返回值为参数 x 的整数部分。

5）log 函数，用来求一个数的自然对数，函数的返回值为参数 x 的自然对数。

6）log10 函数，用来求一个数的常用对数，函数的返回值为参数 x 的常用对数。

7）round 函数，可以将一个数舍入为整数，函数的返回值为参数 x 被舍入后的数值。

8）sqrt 函数，用来求一个数的平方根，函数的返回值为参数 x 的平方根。

实例 6-1

int 函数调用

编写程序：

```
[POST_VERSION] #DO NOT MOVE OR ALTER THIS LINE# V21.00 P0 E1 W21.00 T1447190134
M21.00 I0 O0
#功能:int 函数调用
#代码源文件:源代码/第 6 章/6.2 数值计算函数/int.pst
x:1.234        #声明与初始化数字变量 x
re:0           #声明与初始化返回值 re
psof$
    re=int(x)
    ~re,e$     #输出结果为 re1。
```

运行结果：re1。

2. 三角函数

常用三角函数有余弦、正弦、正切、反余弦、反正切等函数，见表 6-2。

表 6-2　三角函数

函　　数	功 能 描 述
acos(x)	求反余弦
atan(x)	求反正切
atan2(y,x)	求 y/x 反正切
cos(x)	求余弦
sin(x)	求正弦
tan(x)	求正切

说明：

1）acos 函数，用来求反余弦，函数的返回值为参数 x 的反余弦值。

2）atan 函数，用来求反正切，函数的返回值为参数 x 的反正切值。

3）atan2 函数，用来求 y/x 的反正切，函数的返回值是 y/x 的反正切值。

4）cos 函数，用来求余弦，函数返回值为参数 x 的余弦值。

5）sin 函数，用来求正弦，函数返回值为参数 x 的正弦值。

6）tan 函数，用来求正切，函数返回值为参数 x 的正切值。

实例 6-2

求 3D 矢量在 XY 平面与 X+轴的夹角

【解题思路】先定义 3D 矢量，再利用 atan2 函数求解。

编写程序：

```
[POST_VERSION]   #DO NOT MOVE OR ALTER THIS LINE# V21.00 P0 E1 W21.00 T1447190134
M21.00 I0 O0
#功能: 求 3D 矢量在 XY 平面与 X+轴的夹角
#代码源文件:源代码/第 6 章/6.2 数值计算函数/atan2.pst
v_x:10          #定义 3D 矢量
v_y:20
v_z:0
re:0            #定义返回值
psof$
    re=atan2(v_y,v_x)
    ~re,e$
```

代码分析：

上述代码，先在声明区域声明了变量 v_x、v_y、v_z 并初始化为 10、20、0，接着在 psof$ 块中调用 atan2 函数进行计算。在调用 atan2 函数时，将 v_y 传递给 atan2 的第一个参数，v_x 传递给 atan2 的第二个参数，这样就可以计算出夹角。

运行结果：re63.435

3．矢量计算函数

常用矢量计算函数有矢量正则化、加减、叉乘、点乘、比例缩放、旋转等函数，见表 6-3。

表 6-3　矢量计算函数

函　　　数	功 能 描 述
vnrm(v)	正则化 3D 矢量
vequ(v)	复制 3D 矢量
lng3(v)	计算 3D 矢量长度
vscl(scales,v)	3D 矢量比例缩放
vadd(v1,v2)	两个 3D 矢量相加
vsub(v1,v2)	两个 3D 矢量相减
dot3(v1,v2)	两个 3D 矢量点乘
vaxb(v1,v2)	两个 3D 矢量叉乘
rotp(angle,v)	以指定点为基点旋转 3D 矢量
rotv(angle,v)	以原点为基点旋转 3D 矢量

说明：

1）vnrm 函数，用来正则化矢量，函数的返回值为正则化后的 3D 矢量。

2）vequ 函数，用来复制 3D 矢量，函数的返回值等于参数 v 的矢量。

3）lng3 函数，用于计算 3D 矢量的长度，函数返回值为参数 v 的长度。

4）vscl 函数，用来缩放 3D 矢量。函数的第一个参数表示缩放比例，第二个参数是要缩放的 3D 矢量 v。vscl 函数的返回值为缩放后的 3D 矢量。

5）vadd 函数，用于两个 3D 矢量加法运算。函数的返回值为 3D 矢量，该矢量为参数 v1 和 v2 相加的结果。

6）vsub 函数，用于两个 3D 矢量减法运算。函数的返回值为 3D 矢量，该矢量为参数 v1 减去 v2 的结果。

7）dot3 函数，用于两个 3D 矢量点乘运算。函数的返回值为矢量 v1 和矢量 v2 夹角的余弦值。

8）vaxb 函数，用于两个 3D 矢量叉乘运算。函数的返回值为 3D 矢量，该矢量的方向垂直于矢量 v1 和 v2，矢量的标量为 v1 和 v2 夹角的正弦值。

9）rotp 函数，用于旋转 3D 矢量。函数的计算过程是：以指定点为基点，将矢量绕任意轴旋转指定角度，再返回旋转后的矢量。函数的第一个参数 angle 为旋转角度，第二个参数 v 是被旋转的矢量，函数返回值为旋转后的矢量。

10）rotv 函数，用于旋转 3D 矢量。函数的计算过程是：以指原点为基点，将矢量绕任意轴旋转指定角度，再返回旋转后的矢量。函数的第一个参数 angle 为旋转角度，第二个参数 v 是被旋转的矢量，函数返回值为旋转后的矢量。

实例 6-3

从 NCI 数据计算刀轴矢量

【解题思路】从 NCI 文件中读取 x、y、z、u、v、w 数据，利用 vsub 函数计算出刀轴矢量，再用 vnrm 正则化刀轴矢量。

编写程序：

```
[POST_VERSION]   #DO NOT MOVE OR ALTER THIS LINE# V21.00 P0 E1 W21.00 T1447190134
```

```
M21.00 I0 O0
#功能：从 NCI 数据计算刀轴矢量
#代码源文件:源代码/第 6 章/6.2 数值计算函数/vtool.pst
fs 1 1^8
i :0                    #定义刀轴矢量
j:0
k:0
x:0                     #定义 x、y、z
y:0
z:0
u:0                     #定义 u、v、w
v:0
w:0
pmx$
   x=vequ(x$)           #矢量复制
   u=vequ(u$)
   i=vsub(u,x)          #求差运算
   i=vnrm(i)            #正则化矢量
   ~i,~j,~k,e$          #输出刀轴矢量
```

代码分析：

以上代码，先定义了刀轴矢量 i、j、k，路径点 x、y、z，通过点 u、v、w，然后在 pmx 后处理块中将路径点复制给 x、y、z，通过点复制给 u、v、w，再进行求差运算得出刀轴矢量，最后将刀轴矢量正则化得出标准刀轴矢量 i、j、k。

运行结果：

```
i -0.37049331 j 0.70805073 k 0.60116459
i -0.65991645 j 0.45212219 k 0.60007984
i -0.79419862 j 0.08923553 k 0.60107035
i -0.74431936 j -0.29269234 k 0.60026651
i -0.53058522 j -0.59788578 k 0.60084268
………………………………………………
```

实例 6-4

以指定点为基点，绕任意轴旋转 3D 矢量

【解题思路】先定义旋转轴、旋转基点，再利用 rotp 函数求解。

编写程序：

```
[POST_VERSION]  #DO NOT MOVE OR ALTER THIS LINE# V21.00 P0 E1 W21.00 T1447190134
M21.00 I0 O0
#功能：以指定点为基点，绕任意轴旋转 3D 矢量
#代码源文件:源代码/第 6 章/6.2 数值计算函数/rotp.pst
axisx$ : 0        #旋转轴
axisy$ : 0
axisz$ : 1
```

```
    ptfixx$:0        #旋转基点
    ptfixy$:0
    ptfixz$:0
    v1_x  :1         #3D 矢量 v1
    v1_y  :0
    v1_z  :0
    angle : 30       #旋转角度
    re_x   :0        #返回值
    re_y   :0
    re_z   :0
    psof$
       re_x=rotp(angle,v1_x)
      ~re_x,~re_y, ~re_z,e$     #输出结果 re_x ,866 re_y ,5 re_z 0
```

代码分析：

以上代码，先定义旋转轴为 Z 轴、旋转基点为原点、被旋转的 3D 矢量、旋转角度，接着在 psof 块中调用 rotp 函数。调用 rotp 函数时，将 angle 传递给函数的第一个参数，v1_x 传递给函数的第二个参数。代码中 axisx$、axisy$、axisz$三个系统变量用来定义旋转轴。ptfixx$、ptfixy$、ptfixz$三个系统变量用来定义旋转基点。

运行结果：re_x ,866 re_y ,5 re_z 0

4. 矩阵计算函数

常用矩阵计算函数有矩阵转置、矩阵相乘、坐标映射等函数，见表 6-4。

表 6-4　矩阵计算函数

函　　数	功 能 描 述
matt(m1)	矩阵转置
mmul(m1, m2)	矩阵相乘
mteq(m)	矩阵复制
vmap(v,m)	坐标映射

说明：

1）matt 函数，主要功能是转置矩阵，函数的参数为被转置的矩阵 m1，函数的返回值为转置后的矩阵。

2）mmul 函数，用于两个矩阵乘法运算。函数的第一个参数为矩阵 m1，函数的第二个参数为矩阵 m2。函数的返回值为矩阵 m1 和矩阵 m2 相乘的结果。

3）mteq 函数，主要功能是复制矩阵，函数的返回值等于矩阵 m。

4）vmap 函数，可实现坐标映射功能。函数的第一个参数 v 为 3D 矢量，第二个参数 m 为旋转矩阵。函数的返回值是 3D 矢量，该矢量为映射后的坐标。

实例 6-5

五轴断屑钻孔控制点坐标计算

【解题思路】先计算刀轴旋转矩阵，再利用矩阵乘法计算相关控制点坐标。

编写程序：

[POST_VERSION]   #DO NOT MOVE OR ALTER THIS LINE# V21.00 P0 E1 W21.00 T1447190134

```
M21.00 I0 O0
#功能:五轴断屑钻孔控制点坐标计算
#代码源文件:源代码/第 6 章/6.2 数值计算函数/5xdrilling.pst
fs 1 1^3l
peck :10                  #peck distance
result    :0
loopno    :0
nexdep    :0              #next depth
zdrl      :0
abs_init  :0
abs_refht :0
abs_toz   :0
inc_refht :0
inc_depth :0
fmt "X" 1 outx
fmt "Y" 1 outy
fmt "Z" 1 outz
m1_11         :0          #matrix
m1_12         :0
m1_13         :0
m1_21         :0
m1_22         :0
m1_23         :0
m1_31         :0
m1_32         :0
m1_33         :0
m2_11         :0
m2_12         :0
m2_13         :0
m2_21         :0
m2_22         :0
m2_23         :0
m2_31         :0
m2_32         :0
m2_33         :0
m3_11         :0
m3_12         :0
m3_13         :0
m3_21         :0
m3_22         :0
m3_23         :0
m3_31         :0
m3_32         :0
```

```
     m3_33          :0
     pt_rx          :0      #R-point
     pt_ry          :0
     pt_rz          :0


pdrill$ # G0G1 drilling
        "Drilling point info:",e$
        "drl_init",~drl_init_x$, ~drl_init_y$,~drl_init_z$,e$
        "drl_depth",~drl_depth_x$,~drl_depth_y$,~drl_depth_z$,e$
        m1_31=vsub(u$,x$)
        m1_31=vnrm(m1_31)
        m1_21=1
        m1_21=vaxb(m1_31,m1_21)
        m1_21=vnrm(m1_21)
        m1_11=vaxb(m1_21,m1_31)
        m1_11=vnrm(m1_11)
        "Rotation matrix:"   ,e$
        ~m1_11,~m1_12,~m1_13,e$
        ~m1_21,~m1_22,~m1_23,e$
        ~m1_31,~m1_32,~m1_33,e$


        "Rapid to initial",e$                        #rapid to initial
        *drl_init_x$, *drl_init_x$,*drl_init_z$,e$


        m1_11=matt(m1_11)                            #R-point
        m2_11=vequ(drl_init_x$)
        m2_11=mmul(m1_11,m2_11)
        abs_init=m2_13
        zdrl= abs_init-drl_sel_ini$
        abs_refht=zdrl+drl_sel_ref$
        abs_toz=zdrl+drl_sel_tos$
        inc_refht=abs_refht-abs_toz
        inc_depth=abs_toz-depth$


        m2_13=abs_refht
        m1_11=matt(m1_11)
        m3_11=mmul(m1_11,m2_11)
        pt_rx=vequ(m3_11)
        "Rapid to R point" ,e$
        outx=vequ(pt_rx)
        *outx,*outy,*outz,e$


        if peck1$,peck=peck1$
```

```
            nexdep=inc_depth

            while nexdep>peck,
            [
            m2_13=m2_13-(inc_refht+peck)
            m3_11=mmul(m1_11,m2_11)
            "Feed, peck drilling",e$                       #peck drilling
            outx=vequ(m3_11),*outx,*outy,*outz,e$

            "rapid, return to R point ",e$                 #Return to R point
            outx=vequ(pt_rx),*outx,*outy,*outz,e$

            m2_13=m2_13+inc_refht                          #rapid to next peck clearance
            m3_11=mmul(m1_11,m2_11)
            "Rapid, to next peck clearance " ,e$
              outx=vequ(m3_11),*outx,*outy,*outz,e$

            nexdep=nexdep-peck                             #next depth cacu.
            loopno=loopno+1
            if loopno>100,result = mprint("error!",2),exitpost$
            ]
            "feed, the bottom of the point ",e$            #the bottom of the point
            *drl_depth_x$, *drl_depth_y$,*drl_depth_z$,e$
            "Rapid to initial",e$                          #rapid to initial
            *drl_init_x$, *drl_init_x$,*drl_init_z$,e$
```

代码分析：

上述代码，先声明了用于计算的变量和矩阵，m1 用来存放刀轴旋转矩阵，m2 和 m3 用来存放计算结果。在 pdrill 后处理块中，先输出初始安全位置、孔底坐标位置、刀轴旋转矩阵等信息，接下来处理钻孔输出。在处理钻孔输出时，计算了初始高度的绝对值、参考高度的绝对值、孔的表面绝对值、增量参考高度、增量钻孔深度、每次钻削时的接近位置、每次钻削时的进给位置。在计算过程中，用到了矢量计算函数、矩阵计算函数，通过调用这些系统函数，可以很灵活地实现坐标转换功能。

运行结果：

Drilling point info:

drl_init X57.735 Y57.735 Z57.735

drl_depth X-17.321 Y-17.321 Z-17.321

Rotation matrix:

m1_11 0.816 m1_12 -0.408 m1_13 -0.408

m1_21 0 m1_22 0.707 m1_23 -0.707

m1_31 0.577 m1_32 0.577 m1_33 0.577

Rapid to initial

X57.735 X57.735 Z57.735

Rapid to R point

X1.732 Y1.732 Z1.732

Feed, peck drilling

X-5.774 Y-5.774 Z-5.774

rapid, return to R point

X1.732 Y1.732 Z1.732

Rapid, to next peck clearance

X-4.041 Y-4.041 Z-4.041

Feed, peck drilling

X-11.547 Y-11.547 Z-11.547

rapid, return to R point

X1.732 Y1.732 Z1.732

……………………………...

6.3　字符串操作函数

字符串操作函数（String Functions），主要用来实现字符串处理功能，如分割字符串、查找子串、字符大小写转换、计算字符串长度等。常用字符串操作函数见表 6-5。

表 6-5　字符串操作函数

函　　数	功 能 描 述
brksps(real_var,string)	按指定位置分割字符串
lcase(string)	将字符串中字符全部转换成小写
scan(string1,string2)	查找字符串中的数字
ucase(string)	将字符串中字符全部转换成大写
strlen(string)	字符串长度计算

说明：

1）brksps 函数，主要功能是按指定位置分割字符串。函数的第一个参数 real_var 为数字量，该数字量表示分割时索引位置；第二个参数 string 为被分割的字符串。函数的返回值为分割后的后面一段字符串。

2）lcase 函数，主要功能是将字符串中字符全部转换成小写，函数的返回值为转换后的字符串。

3）scan 函数，主要功能是查找字串中的数字。函数的第一个参数 string1 为要查找子串，函数的第二个参数 string2 为目标字符串。函数的返回值为目标字符串中的数字。

4）ucase 函数，主要功能是将字符串中的字符全部转换成大写，函数的返回值为转换后的字符串。

5）strlen 函数，主要功能是计算字符串的长度，函数的返回值为参数 string 的字符长度。

6.4　文件操作函数

文件操作函数（Files Functions），可对文件进行重命名、删除等操作，也可以运行外部可执行程序，如 EXE 可执行程序、Mastercam C-Hook 文件。常用的文件操作函数见表 6-6。

表 6-6　文件操作函数

函　　　数	功 能 描 述
dll(string1，string2)	运行 Mastercam C-Hook 程序
fclose(string)	关闭文件
fexist(string)	检查文件是否存在
launch(string1，string2)	运行外部 EXE 文件
remove(string)	删除文件
rename(string1,string2)	重新命名

说明：

1）dll 函数，主要功能是运行 Mastercam C-Hook 程序。函数的第一个参数 string1 为 DLL 的路径，第二参数 string2 为 DLL 的参数。函数的返回值始终为 1。

2）fclose 函数，用来关闭 NC 程序文件、缓冲文件等。函数的参数可以是字符串，也可以是数字 1～10，字符串参数表示关闭指定路径的文件，数字参数表示关闭缓冲文件。函数的返回值等于 1 表示关闭文件失败，等于 0 表示关闭文件成功。

3）fexist 函数，用来检测文件是否存在，函数的参数 string 为检测文件的路径。函数的返回值为 1 表示文件存在，返回值为 0 表示文件不存在。

4）launch 函数，主要功能是运行外部可执行文件。第一个参数 string1 表示运行的可执行文件的路径，第二参数 string2 为可执行文件的运行参数。函数的返回值为 1 表示运行成功，函数的返回值为-1 表示执行失败。

5）remove 函数，用来删除指定文件，函数的返回值为 0 表示删除成功，返回值为-1 表示删除失败。

6）rename 函数，用来对文件进行重命名操作。第一个参数 string1 表示文件的路径，第二个参数 string2 表示要修改的名称。当函数的返回值为 0 时表示修改成功，当函数的返回值为-1 时表示修改失败。

6.5　数据转换函数

数据转换函数（Conversion Functions），可实现重新分配数字格式、将数字转换成字符串等功能。常用的数据转换函数见表 6-7。

表 6-7 数据转换函数

函　　数	功 能 描 述
newfs(id,rea_var)	重新分配数字格式
no2asc(rea_var)	将 ASCII 编码转换成字符
no2str(rea_var)	将数字转换成字符串

说明：

　　1）newfs 函数，可以为数字变量重新分配数字格式。函数的第一个参数 id 表示要重新分配的数字格式，第二个参数 rea_var 为目标数字变量。函数的返回值为 1 表示成功，返回值为 0 表示失败。

　　2）no2asc 函数，主要功能是将 ASCII1～255 编码转换成字符。函数的返回值为 ASCII 编码对应的字符。

　　3）no2str 函数，可以将数字量转换成字符串。函数的返回值为转换后的字符串。

6.6　堆栈操作函数

　　在介绍堆栈操作函数之前，先了解一下堆栈。堆栈（Stack），指存放临时数据的内存空间，堆栈存放数据一般遵循先进后出的原则。在 MP 中，要使用堆栈，就必须先声明堆栈。

声明堆栈的一般格式是：

fstack id records

其中，fstack 为关键字，id 为编号，records 为记录的字段数量。

声明好堆栈之后，就可以用 push 和 pop 函数，对堆栈进行访问、插入和删除数据操作。

（1）push 函数　push 函数形式是：

var1=push（stack，option，mode）

var1 为隐含阵列的第一个数字变量。

option 为数字变量，一般存放返回值，当返回值为 0 表示操作失败，为 1 表示操作成功。

mode 为操作模式：

0 表示默认操作，表示将数据存储在栈顶；

1 表示将数据存储在栈底；

2 表示将按指定索引插入数据。

实例 6-6

向堆栈插入数据

【解题思路】利用 push 函数，分别使用三种方式将数据插入到堆栈中。

编写程序：

```
[POST_VERSION] #DO NOT MOVE OR ALTER THIS LINE# V21.00 P0 E1 W21.00 T1505932387
M21.00 I0 O1
#功能: 向堆栈插入数据
#代码源文件:源代码/第 6 章/6.6 堆栈函数/push.pst
#define stack 1
```

```
fstack 1 2
stack_size :0
#define implied arry
var1:0
var2:0
#define insert index and result
index:1
result:0
#define push postblock
push_stack
   var1=var1+1,var2=var2 +1
   var1=push(1,result,0)          #模式 0，默认存储在栈顶
   stack_size=pop(1,result,0)
   ~stack_size,~var1,~var2,e$
   var1=var1+1,var2=var2 +1
   var1=push(1,result,1)          #模式 1，存储在栈底
   stack_size=pop(1,result,0)
   ~stack_size,~var1,~var2,e$
   var1=var1+1,var2=var2 +1
   var1=push(1,index,2)           #模式 2，按索引号插入
   stack_size=pop(1,result,0)
   ~stack_size,~var1,~var2,e$
psof$
   push_stack
```
运行结果：

```
stack_size 1, var1 1, var2 1,
stack_size 2, var1 2, var2 2,
stack_size 3, var1 3, var2 3,
```

（2）pop 函数　pop 函数的形式是：

var1=pop（stack，option，mode）

var1 为隐含阵列的第一个数字变量。

option 为数字变量，一般存放返回值，当返回值为 0 表示操作失败，为 1 表示操作成功。

mode 为操作模式：

0 表示返回堆栈的记录数量，返回值存储在 var1 变量中。

1 表示从堆栈顶部读取记录，将首条记录数据写入隐含阵列，并移除堆栈顶部记录。

2 表示移除顶部首条记录，不写数据到隐含阵列。var1 和 option 中仅存储是否移除成功标志值。如果移除成功 var1 和 option 的数值为 1，失败为 0。

3 表示从堆栈顶部读取记录，将首条记录数据写入隐含阵列，不移除堆栈顶部记录。

4 表示移除多条记录，移除成功与失败标志存储在 var1 中。选择模式 4 时，系统根据 option 的数值删除多行记录：当 option 为正数时，移除 option 指定的及 option 下面的记录。例如，堆栈中有 5 条记录，当 option 为 3 时，移除记录 3～5。当 option 为负数时，移除 option 指定

的及 option 之前的记录。例如，之前堆栈，当 option 为−3 时，移除记录 1～3。当 option 为−1、0、1 时，删除所有的记录。

5 表示按指定索引读取记录数据，将数据写入隐含阵列，但不从堆栈中移除数据。

6 表示按指定索引读取记录数据，将数据写入隐含阵列，并从堆栈中移除该记录。

7 表示从堆栈底部读取记录数据，将堆栈底部记录写入隐含阵列，并从堆栈中移除该记录。

6.7　本章小结

本章介绍了 MP 系统函数的功能与用途及参数含义，并详细说明了系统函数的调用方法。本章内容旨在使读者理解系统函数的功能与用途，掌握函数在数值计算、数据处理、数据转换时的应用方法。

第 7 章

两轴车床后处理应用实例

> **内　容**
>
> 本章将介绍两轴数控车床后处理应用实例。通过实例详细介绍数字格式应用、后处理文本修改、主轴最高转速限制、NC 顺序号处理、回参考点处理方法。

> **目　的**
>
> 通过本章学习使读者掌握数字格式定义方法，掌握后处理文本修改技巧，掌握两轴数控车床后处理常见问题的处理方法。

7.1　数字格式应用

本节以 Mastercam 2019 默认车床后处理为例，说明后处理文件中定义的数字格式的含义及用法。下面列出与数字格式定义和数字格式分配相关的代码片段，并加以注释。

```
[POST_VERSION]      #DO NOT MOVE OR ALTER THIS LINE# V21.00 P0 E1 W21.00 T1447190134
M21.00 I0 O0
#代码源文件:源代码/第 7 章/7.1 数字格式应用/MPLFAN.PST
# -----------------------------------------------------------------------------------------------
# 数字格式定义 n 表示非模态, l 表示增加前导零, t 表示增加尾零, i 表示增量, d 表示 Delta 增量
# -----------------------------------------------------------------------------------------------
#定义英制/公制数字格式
fs2 1     0.7 0.6      #Decimal 型，绝对，英制保留 7 位小数，公制保留 6 位小数，默认数字格式
fs2 2     0.4 0.3      #Decimal 型，绝对，英制保留 4 位小数，公制保留 3 位小数
fs2 3     0.4 0.3d     #Decimal 型，增量，英制保留 4 位小数，公制保留 3 位小数
fs2 4     1 0 1 0      #整型，无小数点
fs2 5     2 0 2 0l     #整型，不足 2 位用前导零补足为 2 位
fs2 6     3 0 3 0l     #整型，不足 3 位用前导零补足为 3 位
fs2 7     4 0 4 0l     #整型，不足 4 位用前导零补足为 4 位
fs2 9     0.1 0.1      #Decimal 型，保留 1 位小数
fs2 10    0.2 0.2      #Decimal 型，保留 2 位小数
```

```
fs2 11   0.3 0.3      #Decimal 型，保留 3 位小数
fs2 12   0.4 0.4      #Decimal 型，保留 4 位小数
fs2 13   0.5 0.5      #Decimal 型，保留 5 位小数
fs2 14   0.3 0.3d     #Decimal 型，增量，保留 3 位小数
fs2 15   0.2 0.1      #Decimal 型，绝对，英制保留 2 位小数，公制保留 1 位小数
fs2 16   0 4 0 4t     #无小数点型，绝对，小数位数不足 4 位用尾零补足为 4 位
fs2 17   0.2 0.1      #Decimal 型，绝对，英制保留 2 位小数，公制保留 1 位小数
fs2 18   0.4 0.3      #Decimal 型，绝对，英制保留 4 位小数，公制保留 3 位小数
fs2 19   0.5 0.4      #Decimal 型，绝对，英制保留 5 位小数，公制保留 4 位小数
fs2 20   1 0 1 0n     #整型，非模态，即强制输出
fs2 21   2.2 2.2lt    #Decimal 型，整数位不足 2 位前导零补足为 2 位
                      #小数位不足 2 位用尾零补足为 2 位
fs2 22   2 0 2 0t     #整型，整数位不足 2 位用前导零补足为 2 位
fs2 23   0 2 0 2lt    #整型，不足位数用前导零补和尾零补足
fs2 24   0^7 0^7      #Decimal 型，保留 7 位小数，整数忽略小数点


# -----------------------------------------------------------------------
# 换刀/NC 输出变量数字格式分配
# -----------------------------------------------------------------------
fmt   "T"  7    toolno        #刀具号
fmt   "G"  4    g_wcs         #工作坐标系 G 代码
fmt   "P"  4    p_wcs         #工作坐标系 P 代码
fmt   "S"  4    speed         #主轴转速
fmt   "M"  4    gear          #挡位变速 M 代码
fmt   "S"  4    maxss$        #主轴转速
# -----------------------------------------------------------------------
fmt   "N"  24   n$            #NC 顺序号
fmt   "X"  2    xabs          #X 绝对坐标
fmt   "Y"  2    yabs          #Y 绝对坐标
fmt   "Z"  2    zabs          #Z 绝对坐标
fmt   "U"  3    xinc          #U 增量坐标
fmt   "V"  3    yinc          #V 增量坐标
fmt   "W"  3    zinc          #W 增量坐标
fmt   "C"  11   cabs          #C 轴绝对位置
fmt   "H"  14   cinc          #C 轴增量位置
fmt   "B"  4    indx_out      #B 轴分度代码
fmt   "I"  3    iout          #圆弧 I 指令
fmt   "J"  3    jout          #圆弧 J 指令
fmt   "K"  3    kout          #圆弧 K 指令
fmt   "R"  2    arcrad$       #圆弧半径 R
fmt   "F"  18   feed          #进给速度 F
fmt   "P"  11   dwell$        #暂停 P
```

```
# --------------------------------------------------------------------------
#程序名变量数字格式分配
fmt    "O" 7    progno$            #程序号
#fmt ":" 7      progno$            #程序号
fmt    "O" 7    main_prg_no$       #主程序号
#fmt ":" 7      main_prg_no$       #主程序号
fmt    "O" 7    sub_prg_no$        #子程序号
#fmt ":" 7      sub_prg_no$        #子程序号
fmt    "U" 2    sub_trnsx$         #旋转点
fmt    "V" 2    sub_trnsy$         #旋转点
fmt    "W" 2    sub_trnsz$         #旋转点
# --------------------------------------------------------------------------
# 钻孔变量数字格式分配
# --------------------------------------------------------------------------
fmt    "R" 2    refht_a            #参考高度
fmt    "R" 2    refht_i            #参考高度
fmt    "X" 2    initht_x           #初始高度，X 映射值
fmt        2    initht_y           #初始高度，Y 映射值
fmt    "Z" 2    initht_z           #初始高度，Z 映射值
fmt    "X" 2    refht_x            #参考高度，X 映射值
fmt        2    refht_y            #参考高度，Y 映射值
fmt    "Z" 2    refht_z            #参考高度，Z 映射值
fmt    "X" 2    depth_x            #深度，X 映射值
fmt        2    depth_y            #深度，Y 映射值
fmt    "Z" 2    depth_z            #深度，Z 映射值
fmt    "Q" 2    peck1$             #首次啄钻切削量
fmt        2    peck2$             #后续啄钻切削量
fmt    "R" 2    peckclr$           #安全间隙
fmt        2    retr$              #返回高度
fmt    "Q" 2    shftdrl$           #精镗偏移量
# --------------------------------------------------------------------------
# 车螺纹变量数字格式分配
# --------------------------------------------------------------------------
fmt    "P" 2    thddepth$          #螺纹牙距
fmt    "Q" 2    thdfirst$          #螺纹车削首次切削深度
fmt    "Q" 2    thdlast$           #螺纹车削最后切削深度
fmt    "R" 2    thdfinish$         #G76 螺纹车削精加工余量
fmt    "R" 3    thdrdlt            # G92 G76R
fmt    "U" 3    thd_dirx           # G76 多线螺纹车削，X 位移增量
fmt    "W" 3    thd_dirz           #G76 多线螺纹车削，Z 位移增量
fmt    "P" 5    nspring$           #分层次数
fmt        5    thdpull            #G76 螺纹车削收尾距离
```

```
fmt        5     thdang                    #G76 螺纹锥度
# -------------------------------------------------------------------
#  固定循环变量数字格式分配
# -------------------------------------------------------------------
fmt    "U" 2     depthcc
fmt    "R" 2     clearcc
fmt    "U" 2     xstckcc
fmt    "W" 2     zstckcc
fmt    "R" 4     ncutscc
fmt        2     stepcc
fmt    "P" 4     ng70s                     #固定循环 P 行号
fmt    "Q" 4     ng70e                     #固定循环 Q 行号
fmt    "U" 2     g73x                      # G73 固定循环偏置值
fmt    "V" 2     g73y
fmt    "W" 2     g73z
fmt    "P" 2     grvspcc
fmt    "Q" 2     grvdpcc
# -------------------------------------------------------------------
#刀具补偿变量数字格式分配
fmt "TOOL - "        4     tnote           #刀具号备注
fmt " OFFSET - "     4     toffnote        #刀具补偿号备注
# -------------------------------------------------------------------
fmt        4     year2                     #年份
fmt       21     time2                     #时间
fmt       22     hour                      #小时
fmt       23     min                       #分钟
year2 = year$ + 2000
```

说明：

1）上述代码，由数字格式定义和变量数字格式分配两部分组成。在代码中，一共定义了 24 种数字格式，其中数字格式 1 是默认格式，表示英制保留 7 位小数，公制保留 6 位小数。

2）数字格式 2 定义的格式是小数，绝对，英制保留 4 位小数，公制保留 3 位小数。数字格式 2 用于 XYZ 绝对坐标输出、钻孔输出、车螺纹等变量的数字格式的定义。

3）数字格式 3 定义的格式是小数，增量，英制保留 4 位小数，公制保留 3 位小数。数字格式 3 用于 UVW 增量坐标输出、圆弧 IJK 输出等变量的数字格式的定义。

4）数字格式 4 定义的格式是整数，无小数点。数字格式 4 用于分度输出、刀具补偿号输出、年份输出等变量的数字格式的定义。

5）数字格式 7 定义的格式是整数，不足 4 位用前导零补足为 4 位。数字格式 7 用于刀号输出、主程序号输出、子程序号输出等变量的数字格式的定义。

6）数字格式 21～23，用于时间输出变量的数字格式的定义。

7）在 24 种数字格式中，也有没有涵盖到的格式。例如，整数和小数均保留 3 位，

不足 3 位用零补齐并强制输出 "+"、"-" 符号。如果要增加这种数字格式，可以在代码
中增加以下代码：

#增加自定义数字格式
#整数位和小数位均保留 3 位，不足 3 位用零补齐并强制输出"+"、"-"符号
fs2 25 +3.3 3.3lt

7.2 后处理文本修改方法

后处理文本是后处理文件的组成部分，文本内容是采用 XML 格式描述的，它主要用来
定义杂项变量、钻孔固定循环、自定义钻孔参数在对话框中的显示名称。后处理文本的内容
可以通过控制器定义"文本"选项进行修改，具体的操作步骤如下：

步骤 1   选择默认机床

● 如图 7-1 所示，选择"机床"选项卡；
● 在"机床类型"组别中选择"车床"；
● 弹出菜单选择"默认"。

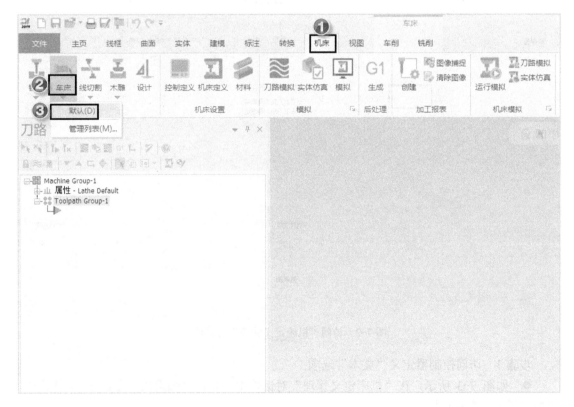

图 7-1   选择默认车床

步骤 2   访问"机床定义管理"对话框
● 如图 7-2 所示，选择"机床"选项卡；

- 在"机床设置"组中选择"机床定义";
- 单击确定图标，忽略警告进入"机床定义管理"对话框。

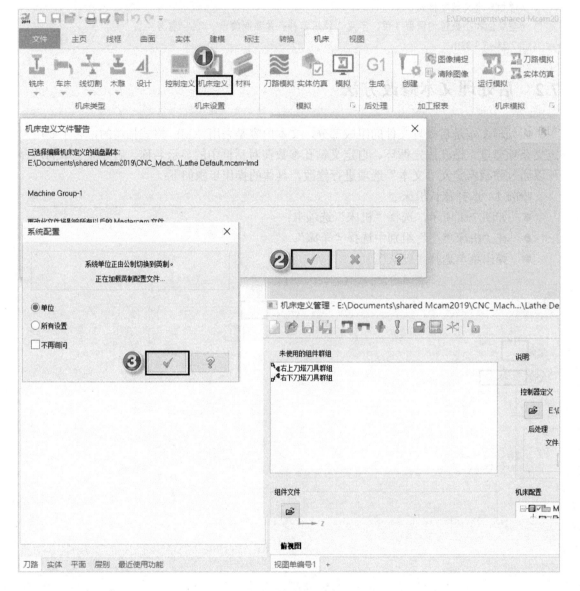

图 7-2　访问"机床定义管理"对话框

步骤 3　访问控制器定义"文本"选项

- 如图 7-3 所示，在"机床定义管理"对话框中，单击"编辑控制器定义"图标访问"控制器定义"对话框；
- 在"控制器定义"对话框左侧的"控制器选项"树形列表中选择"文本"选项。

控制器定义"文本"选项包括 13 个子选项：

- 车床杂项整/实变数

- 铣床杂项整/实变数
- 车床钻孔循环
- 铣床钻孔循环
- 车床自定义钻孔参数
- 铣床自定义钻孔参数
- 车床固定循环说明
- 铣床固定循环说明
- 插入指令
- 车床路径参数
- 铣床路径参数
- 车床零件处理
- 转换操作

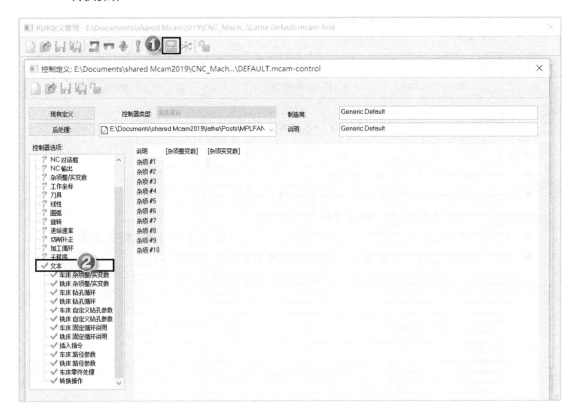

图 7-3 控制器定义"文本"选项

7.2.1 车削杂项变量文本修改

如图 7-4 所示，车削杂项变量文本主要用来定义"杂项变数"对话框中的杂项变量的显示名称。这些文本可以通过控制器定义"文本"选项进行修改，具体操作步骤如下：

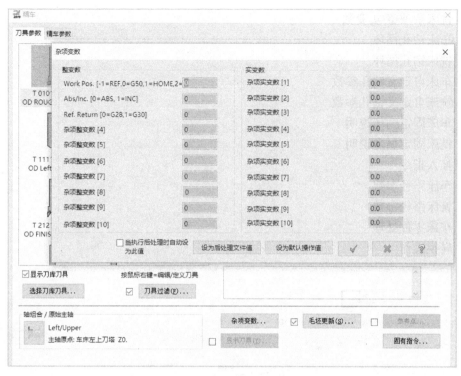

图 7-4 "杂项变数"对话框

步骤 1 访问控制器定义"车床杂项整/实变数"选项

- 访问控制器定义"文本"选项；
- 在树形列表中选择"车床杂项整/实变数"选项。

步骤 2 在车床杂项整/实变数文本框中进行修改

- 如图 7-5 所示，在"杂项整变数"文本框中，可修改或增加杂项整变数文本；
- 在"杂项实变数"文本框中，可修改或增加杂项实变数文本。

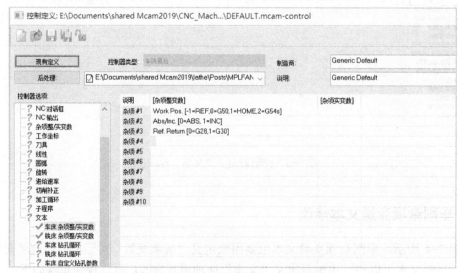

图 7-5 车床杂项整/实变数文本修改

7.2.2 车削自定义钻孔参数文本修改

如图 7-6 所示，车削钻孔自定义钻孔参数文本，主要用来定义"车削钻孔"对话框中的自定义钻孔参数的显示名称。这些文本可以通过控制器定义"文本"选项进行修改，具体操作步骤如下：

图 7-6 "车削钻孔"对话框

步骤 1 访问控制器定义"车床自定义钻孔参数"选项
- 访问控制器定义"文本"选项；
- 在树形列表中选择"车床自定义钻孔参数"选项。

步骤 2 在自定义钻孔参数文本框中修改文本

如图 7-7 所示，在自定义钻孔参数文本框中修改文本。

图 7-7 自定义钻孔参数文本修改

7.2.3　车削钻孔循环文本修改

如图 7-8 所示，车削钻孔循环文本，主要用来定义"车削钻孔"对话框中钻孔循环的显示名称。这些文本可以通过控制器定义"文本"选项进行修改，具体操作步骤如下：

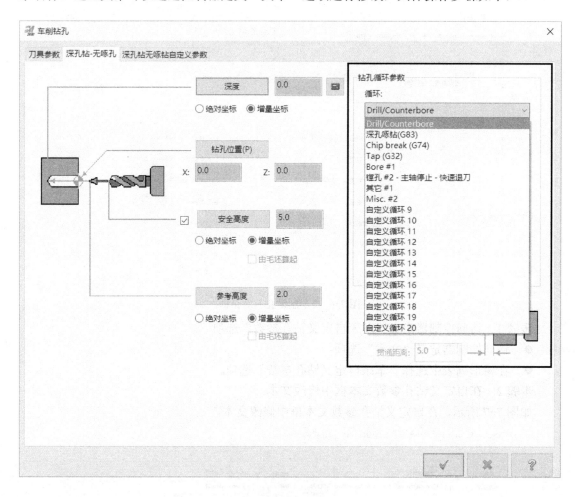

图 7-8　车削钻孔循环

步骤 1　访问控制器定义"车床钻孔循环"选项
- 访问控制器定义"文本"选项；
- 在树形列表中选择"车床钻孔循环"选项。

步骤 2　在车床钻孔循环文本框中进行修改

如图 7-9 所示，在车削钻孔循环文本框中进行修改。

补充知识点视频：光盘:\视频\04 车削钻孔循环文本修改方法.mp4

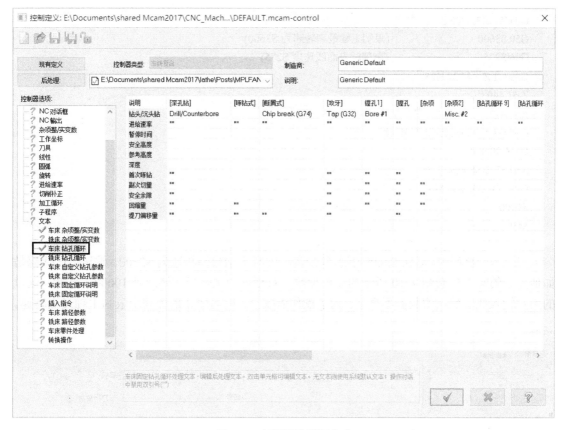

图 7-9　车削钻孔循环文本

7.3　主轴最高转速限制

在车削轮廓时，为了获得最佳的表面质量，主轴转速一般采用恒线速方式。恒线速车削时，主轴的转速会随着 X 轴坐标的变化而变化，当 X 的绝对坐标越大时主轴转速就越低，当 X 的绝对坐标越小时主轴转速就越高。也就是说，直径越大的地方主轴转速低，直径越小的地方主轴转速越高。为了操作者安全，恒线速车削必须要限制主轴最高转速。例如，下面的 NC 程序：

(DATE=DD-MM-YY - 02-09-18 TIME=HH:MM - 10:22)

(MCX FILE - T)

(NC FILE - C:\USERS\MYPC\DOCUMENTS\MY MCAM2017\LATHE\NC\T.NC)

(MATERIAL - ALUMINUM MM - 2024)

G21

(TOOL - 1 OFFSET - 1)

(OD ROUGH RIGHT - 80 DEG.　INSERT - CNMG 12 04 08)

G0 T0101

G18

G97 S2676 M03

```
G0 G54 X32.705 Z-12.727
G50 S3600                    (限制主轴最高转速为 S3600)
G96 S275                     (车削时表面线速度 S275)
G99 G1 Z-14.727 F.25
Z-51.449
X57.882
G18 G3 X59.482 Z-52.249K-.8
G1 Z-90.084
X62.31 Z-88.669
G28 U0. V0. W0. M05
T0100
M30
%
```

以上 NC 代码中，G50 S3600 表示恒线速车削时主轴最高转速为 S3600。这段 NC 代码是如何生成的呢？先看图 7-10 所示的编程参数，对话框中主轴最大转速是 10000。显然，这里的用户输入或者默认的数据不合理。为了操作者安全，就需要在后处理中限制主轴最高转速。

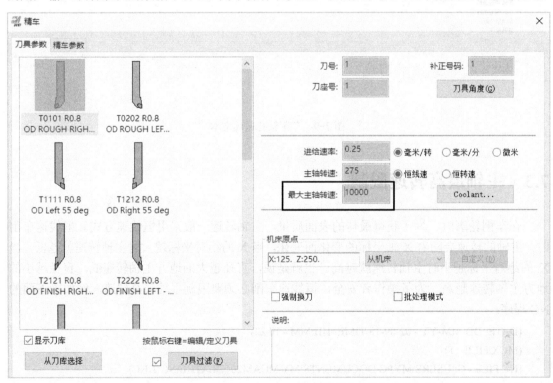

图 7-10　主轴最高转速限制

下面以 MPLFAN.PST 为例，说明限定主轴最高转速的修改方法。

使用文本编辑器打开默认的 MPLFAN.PST 文件，查找"Spindle switches and values"，找到下面的代码片段：

#Spindle switches and values

use_gear	: 0	#Output gear selection code, 0=no, 1=yes
cool_w_spd	: 0	#Output coolant with spindle code, 0=no, 1=yes
max_speedl0	: 3600	#Maximum spindle speed (lathe), Bottom turret/Left spindle
min_speedl0	: 20	#Minimum spindle speed
max_speedm0	: 2500	#Maximum spindle speed (mill)
min_speedm0	: 50	#Minimum spindle speed
max_speedl1	: 3600	#Maximum spindle speed (lathe), Top turret/Left spindle
min_speedl1	: 20	#Minimum spindle speed
max_speedm1	: 2500	#Maximum spindle speed (mill)
min_speedm1	: 50	#Minimum spindle speed
max_speedl2	: 3600	#Maximum spindle speed (lathe), Bottom turret/Right spindle
min_speedl2	: 20	#Minimum spindle speed
max_speedm2	: 2500	#Maximum spindle speed (mill)
min_speedm2	: 50	#Minimum spindle speed
max_speedl3	: 3600	#Maximum spindle speed (lathe), Top turret/Right spindle
min_speedl3	: 20	#Minimum spindle speed
max_speedm3	: 2500	#Maximum spindle speed (mill)
min_speedm3	: 50	#Minimum switchesspindle speed

以上代码，变量 max_speedl0~max_speedl3 为主轴最高转速限制变量，各变量的含义是：

max_speedl0 ：3600，限制"下刀塔/左主轴"的主轴最高转速为 3600

max_speedl1 ：3600，限制"上刀塔/左主轴"的主轴最高转速为 3600

max_speedl2 ：3600，限制"下刀塔/右主轴"的主轴最高转速为 3600

max_speedl3 ：3600，限制"上刀塔/右主轴"的主轴最高转速为 3600

修改 max_speedl1: 3600 为 max_speedl1: 1500，运行后处理生成 NC 程序。可观察到 G50 S3600 变为 G50 S1500，具体 NC 程序如下：

```
%
O0000
(PROGRAM NAME - T)
(DATE=DD-MM-YY - 02-09-18 TIME=HH:MM - 20:03)
(MCAM FILE - T)
(NC FILE - E:\DOCUMENTS\SHARED MCAM2019\LATHE\NC\T.NC)
(MATERIAL - ALUMINUM MM - 2024)
G21
(TOOL - 1 OFFSET - 1)
(OD ROUGH RIGHT - 80 DEG.   INSERT - CNMG 12 04 08)
G28 U0. V0. W0.
G50 X250. Y0. Z250.
G0 T0101
G18
G97 S1500 M03
G0 X38.274 Z-4.528 M8
G50 S1500                        （主轴最高转速限制为1500）
```

```
G96 S275
G99 G1 Z-6.528 F.25
Z-78.248
X41.103 Z-76.834
M9
G28 U0. V0. W0. M05
T0100
M30
%
```

7.4　NC 顺序号修改应用技巧

NC 顺序号就是 NC 程序段标号，主要作用是方便查找和编辑程序。例如，图 7-11 所示 NC 程序号，起始顺序号是 N100，下一程序段的顺序号是 N110，相邻两行程序之间的顺序号增量是 10。这些顺序号的输出方式，可以通过控制器定义"NC 输出"选项进行修改，具体操作步骤如下：

```
 5 (MCAM FILE - T)
 6 (NC FILE - E:\DOCUMENTS\SHARED MCAM2019\LATHE\NC\T.NC)
 7 (MATERIAL - ALUMINUM MM - 2024)
 8 N100 G21
 9 (TOOL - 1 OFFSET - 1)
10 (OD ROUGH RIGHT - 80 DEG.  INSERT - CNMG 12 04 08)
11 N110 G28 U0. V0. W0.
12 N120 G50 X250. Y0. Z250.
13 N130 G0 T0101
14 N140 G18
15 N150 G97 S1500 M03
16 N160 G0 X45.786 Z30.824 M8
17 N170 G50 S1500
18 N180 G96 S275
19 N670 G71 U2. R.2
20 N680 G71 P690 Q720 U.4 W.2 F.25
21 N690 G0 X2.958 S275
22 N700 G1 Z30.13 F.25
23 N710 X45.414 Z-49.095
24 N720 X45.786
25 N730 G0 Z30.824
26 N740 G70 P690 Q720
27 N790 G0 Z30.824
28 N800 M9
29 N810 G28 U0. V0. W0. M05
30 N820 T0100
31 N830 M30
32 %
```

图 7-11　NC 顺序号

步骤 1　访问控制器定义"NC 输出"选项

● 访问"控制器定义"对话框；

● 在"控制器定义"对话框左侧的树形列表中选择"NC 输出"选项；

● 在子列表中选择"标准"选项。

步骤 2 在"行号"功能组中修改

● 如图 7-12 所示，不勾选"输出行号"即不输出顺序号；

● 在"起始行号"、"行号增量"、"最大行号"数据输入栏中输入修改的数据。

图 7-12 顺序号修改与关闭

不输出顺序号，可以使 NC 程序更简洁，但不输出顺序号又会给加工调试带来不便。为了便于加工调试，可以用工步的操作号作为顺序号。下面以 MPLFAN.PST 为模板修改后处理，生成的目标顺序号如图 7-13 所示。

实例 7-1

操作号作为顺序号

实现操作号作为顺序号的功能，可按以下步骤进行：

步骤 1 声明与初始化变量

使用文本编辑器打开 **MPLFAN.PST** 文件，在声明变量区域增加以下代码：

```
fmt "N" 4 op_number        #Operation number
sopname :   ""             #Operation name
seqop : yes$               #Switch ,Output operation number and name, yes$ or no$
```

```
T.NC *
1  %
2  O0000
3  (PROGRAM NAME - T)
4  (DATE=DD-MM-YY - 03-09-18 TIME=HH:MM - 11:12)
5  (MCAM FILE - T)
6  (NC FILE - E:\DOCUMENTS\SHARED MCAM2019\LATHE\NC\T.NC)
7  (MATERIAL - ALUMINUM MM - 2024)
8  G21
9
10 N1 LCAN_ROUGH
11 (TOOL - 1 OFFSET - 1)
12 (OD ROUGH RIGHT - 80 DEG.  INSERT - CNMG 12 04 08)
13 G28 U0. V0. W0.
14 G50 X250. Y0. Z250.
15 G0 T0101
16 G18
17 G97 S1500 M03
18 G0 X45.786 Z30.824 M8
19 G50 S1500
20 G96 S275
21 G71 U2. R.2
22 G71 P100 Q110 U.4 W.2 F.25
23 N100 G0 X2.958 S275
24 G1 Z30.13 F.25
25 X45.414 Z-49.095
26 N110 X45.786
27 G0 Z30.824
28
29 N2 LCAN_FINISH
30 G70 P100 Q110
31 G0 Z30.824
32 M9
33 G28 U0. V0. W0. M05
34 T0100
35 M30
```

图 7-13　操作号作为顺序编号

步骤 2　自定义 popinfo 后处理块

在自定义后处理块区域增加 popinfo 后处理块，代码如下：

```
popinfo
    if seqop=one,
    [
      op_number=opinfo(15240,0)
      sopname=opinfo(10000,0)
      sopname=ucase(sopname)
      *op_number,*sopname,e$
    ]
```

步骤 3　调用 popinfo 后处理块

在 ltlchg$、mtlchg$、mtlchg0$、ltlchg0$后处理块中调用 popinfo 块，代码片段如下：

```
fmt "N" 4 op_number        #Operation number
sopname : ""               #Operation name
seqop : yes$               #Switch ,Output operation number and name, yes$ or no$
popinfo
    if seqop=one,
    [
```

```
            op_number=opinfo(15240,0)      #获取 OP 编号
            sopname=opinfo(10000,0)        #获取 OP 名称
            sopname=ucase(sopname)         #OP 名称转为大写
            *op_number,*sopname,e$         #输出 OP 编号、名称
            ]
  ltlchg$
       popinfo
  mtlchg$
       popinfo
  mtlchg0$
       popinfo
  ltlchg0$
       popinfo
```

7.5 刀塔返回参考点处理方法

车床刀塔类型有多种，常见的有排刀式、四工位砖塔式、VDI 多工位砖塔式。无论哪种类型的刀塔，在装卸工件、序中检察尺寸、更换刀具等情况下，一般需要返回到安全位置，这个安全位置就是参考点。

MPLFAN 后处理，支持 G28 方式回参考点，也支持 G0 快速移动方式回参考点。这两种回参考点的方式，我们可以根据机床结构灵活选择。例如，四工位砖塔式车床，可以采用 G0 快速移动方式回参考点；标准 VDI 多工位砖塔式车床，可以采用 G28 方式返回参考点。

如图 7-14 所示，MPLFAN 后处理回参考点的方式是通过杂项变量控制的。当整型杂项变量 mi1$等于 2 时，表示以 G28 方式返回参考点。当整型杂项变量 mi1$等于 1 时，表示以 G0 快速移动方式返回参考点。

图 7-14 回参考点

下面是以 G0 方式返回参考点的 NC 程序：

```
%
O0000
(PROGRAM NAME - T)
(DATE=DD-MM-YY - 03-09-18 TIME=HH:MM - 15:26)
(MCAM FILE - T)
(NC FILE - E:\DOCUMENTS\SHARED MCAM2019\LATHE\NC\T.NC)
(MATERIAL - ALUMINUM MM - 2024)
G21
(TOOL - 1 OFFSET - 1)
(OD ROUGH RIGHT - 80 DEG.    INSERT - CNMG 12 04 08)
G0 X250. Y0. Z250.
G0 T0101
G18
G97 S1500 M03
G0 X49.497 Z1.732 M8
G50 S1500
G96 S275
G71 U2. R.2
G71 P100 Q110 U.4 W.2 F.25
N100 G0 X-2. S275
G1 Z1.146 F.25
X48.821 Z-42.866
N110 X49.497
G0 Z1.732
M9
G0 X250. Y0. Z250. T0100
M05
M30
%
```

上述 NC 程序，G0 X250. Y0. Z250.是返回参考点 NC 代码。从代码中，可以看到 X 坐标和 Y 坐标固定为 250，这是因为编程操作中的机床原点数据是 D250Z250，如图 7-15 所示。

刀路操作中机床原点的数据，可以从机床定义中获取，也可以依照刀具获取，还可以由用户自定义。其中，自定义机床原点数据，是通过"依照用户定义原点"对话框来操作的，如图 7-16 所示。通过对话框，可选择存在的点作为自定义的原点，也可以手动输入数据，还可以从机床定义中读取默认数据。

如果要修改默认的机床原点数据，可通过"默认原点位置"对话框进行修改，具体操作步骤如下：

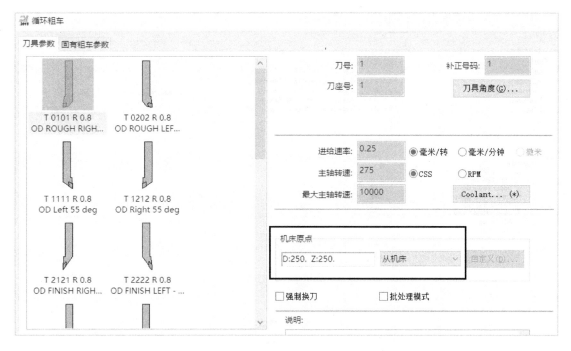

图 7-15　机床原点

图 7-16　自定义机床原点

步骤 1　访问"机床定义管理"对话框

- 单击"机床"选项卡；
- 在"机床设置"组中选择"机床定义"；
- 单击确定图标，忽略警告进入"机床定义管理"对话框。

步骤 2　访问"编辑轴组合"对话框

- 如图 7-17 所示，在"机床定义管理"对话框中单击"编辑轴组合"图标；
- 弹出"机床轴组合"对话框，单击"机床原点"按钮；
- 弹出"默认机床原点位置"对话框，在"公制"数据输入栏中输入修改的数据。

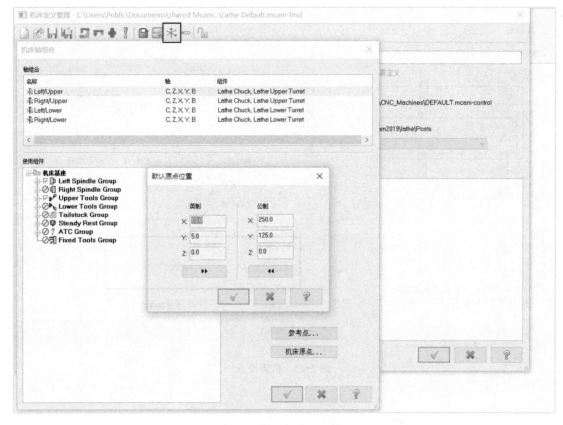

图 7-17　默认机床原点修改

下面是以 G28 方式回参考点的 NC 代码：

O0000

G21

(TOOL - 1 OFFSET - 1)

(OD ROUGH RIGHT - 80 DEG.　INSERT - CNMG 12 04 08)

G0 T0101

G18

G97 S1500 M03

G0 G54 X49.497 Z1.732 M8

G50 S1500

G96 S275

G71 U2. R.2

G71 P100 Q110 U.4 W.2 F.25

N100 G0 X-2. S275

G1 Z1.146 F.25

X48.821 Z-42.866

N110 X49.497

G0 Z1.732

M9

```
G28 U0. V0. W0. M05
T0100
M30
%
```

上述 NC 程序中，G28 U0. V0. W0 为返回参考点 NC 代码，其中 U0、V0、W0、分别表示 X、Y、Z 轴返回参考点。然而本节所讨论两轴车床无 Y 轴，所以不需要 Y 轴返回参考点。那么，这里该怎样修改后处理呢？我们先看一段返回参考点处理代码：

```
pm_retract         #Retract tool based on next tool gcode, mill (see ptoolend)
    if home_type = one,
        [
        pmap_home    #Get home position, xabs
        if frc_cinit, cabs = zero
        ps_inc_calc #Set inc.
        pbld, n$, psccomp, e$
        pcan1, pbld, n$, *sgcode, pfxout, pfyout, pfzout, protretinc,
            *toolno, strcantext, e$
        pbld, n$, pnullstop, e$
        ]
    else,
        [
        #Retract to reference return
        pbld, n$, `sgcode, psccomp, e$
        if home_type = m_one, pbld, n$, *toolno, e$
        pcan1, pbld, n$, *sg28ref, "U0.", [if y_axis_mch, "V0."], "W0.",
            protretinc, pnullstop, strcantext, e$
        if home_type > m_one, pbld, n$, *toolno, e$
        ]
```

上述代码中，pcan1, pbld, n$, *sg28ref, "U0.", [if y_axis_mch, "V0."], "W0."表示输出参考点，该语句中的 if y_axis_mch, "V0."表示如果有 Y 轴就输出 V0。从中发现，只要关闭 Y 轴功能，Y 轴返回参考点就不会输出。

关闭 MPLFAN 中的 Y 轴功能，操作步骤如下：

步骤 1　访问"机床定义管理"对话框

● 单击"机床"选项卡；

● 在"机床设置"组中选择"机床定义"；

● 单击确定图标，忽略警告进入"机床定义管理"对话框。

步骤 2　访问"机床轴组合"对话框

● 在"机床定义管理"对话框中，单击"编辑轴组合"图标；

● 弹出"机床轴组合"对话框，选择"Left/Upper"，如图 7-18 所示；

● 在"使用组件"中，不勾选"Lathe Upper Turret Y Axis"；

● 保存设置退出对话框。

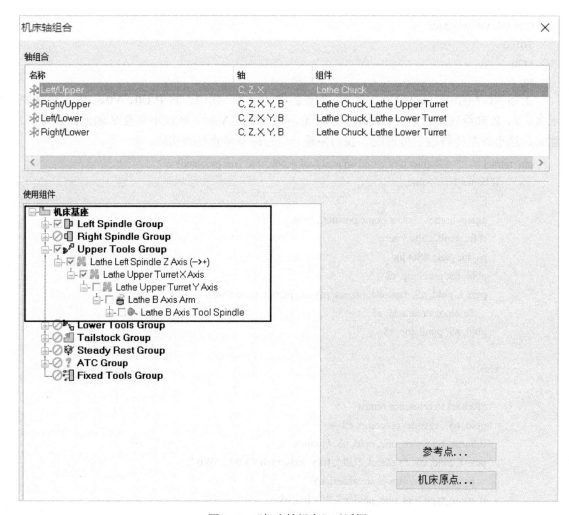

图 7-18 "机床轴组合"对话框

7.6 本章小结

本章介绍了两轴数控车床后处理数字应用方法，也介绍了后处理文本修改、主轴最高转速限制、NC 行号处理、回参考点处理方法。本章内容旨在使用读者熟悉数字格式化方法，掌握后处理文本修改技巧，掌握两轴数控车刀塔返回参考点的处理方法。

第**8**章

三轴加工中心后处理应用实例

内 容

本章将介绍三轴立式加工中心后处理应用实例。通过实例详细介绍程序号、程序注释、圆弧输出格式、固定循环、切削液 M 代码和返回参考点的修改方法。

目 的

通过本章学习使读者掌握程序注释修改方法，掌握圆弧输出格式修改方法，理解固定循环修改方法，掌握切削液 M 代码修改方法，掌握返回参考点处理方法。

8.1 程序号修改方法

NC 程序由若干个程序段组成，程序的开头是程序名，结束是结束指令。如华中 HNC818 数控系统的 NC 程序是以%（或 O）后面跟数字开始，以 M30 或 M02 结束，其程序结构如图 8-1 所示。

%123（第一行为程序号）
N100 G21
N110 G0 G17 G40 G49 G80 G90
N150 T20 M6
N160 G0 G90 X0. Y0. S1145 M3
N170 G43 H20 Z25.（中间行为指令行）
N180 G99 G81 Z0. R25. F50.
N190 G80
N200 M5
N210 G91 G28 Z0.
N220 G28 X0. Y0.
N230 M30（最后一行为程序结束指令）

图 8-1 HNC818 程序结构

不同的数控系统，程序号的指令字可能不同，如 FANUC 系统用 O 指令字，华中数控系统用%，AB 数控系统用 P。因此，这就需要对程序号做出相应的调整。下面以 MPFAN.PST

为模板修改后处理，使输出 NC 程序号符合 HNC818 程序号格式要求。

实例 8-1

修改 NC 程序号

修改 NC 程序号，可按以下步骤进行：

步骤 1　删除程序名和括号

用文本编辑器打开 MPLFAN.PST 文件，找到以下代码片段：

```
pheader$                        #Call before start of file
    if subs_before, " ", e$      #header character is output from peof when subs are output before main
    else, "%", e$
    sav_spc = spaces$
    spaces$ = 0
    *progno$, sopen_prn, sprogname$, sclose_prn, e$
    #sopen_prn, "PROGRAM NAME - ", sprogname$, sclose_prn, e$
```

在上述代码中，progno$为程序号系统变量，*progno$, sopen_prn, sprogname$, sclose_prn, e$ 语句表示输出程序号、括号和程序名称。删除此处的括号和程序名，将语句修改为*progno$, e$。修改后输出的 NC 代码为：

```
%                           (%是多余的)
O0000                       (程序号的指令字不匹配，后面的数字位数也不匹配)
( T20 |      10. DRILL | H20 )
N100 G21
N110 G0 G17 G40 G49 G80 G90
N150 T20 M6
N160 G0 G90 X0. Y0.S1145 M3
N170 G43 H20 Z25.
N180 G99 G81 Z0. R25. F50.
N190 G80
N200 M5
N210 G91 G28 Z0.
N220 G28 X0. Y0.
N230 M30
%                           (%也是多余的)
```

在上述 NC 程序中，还存在三个问题：程序开始的"%"是多余的；程序号的指令字不匹配，后面的数字位数也不匹配；程序结束"%"也是多余的。所以，代码还需要进一步处理。

步骤 2　删除多余的"%"

在 pheader$块中，找到以下代码片段：

```
pheader$                        #Call before start of file
    if subs_before, " ", e$      #header character is output from peof when subs are output before main
    else, "%", e$
    sav_spc = spaces$
    spaces$ = 0
```

```
            *progno$,e$
```

使用"#"将 pheader$后处理块中前两行注释掉，这样就去掉了程序开始的"%"。再查找 peof$后处理块，找到以下代码片段：

```
peof$                          #End of file for non-zero tool
        pretract
        comment$
        if stagetool = 1 & stagetltype = 2, pbld, n$, *first_tool$, e$
        uninhibit_eof_probe$
        n$, "M30", e$
        if subs_before,          #Merge subs before main program
            [                    #At this point, the NC / Main program level is blank (Main prg was written to ext
                                 with subs before)
            subout$ = zero
            "%", e$
            mergesub$            #Merge transform subs
            clearsub$
            mergeaux$            #Merge non-transform subs
            clearaux$
            mergeext$            #Merge NC / Main program
            clearext$
            ]
        else,                    #Merge subs after main program
            [                    #At this point, the NC / Main program is written (Main prg was written to NC
                                 level with subs after)
            mergesub$
            clearsub$
            mergeaux$
            clearaux$
            ]
        subout$ = zero
        if pst_return_mode$, "(PRB_PST MC_EOF_TEXT % PRB_PST)", e$
        else, "%", e$
```

使用"#"将 peof$后处理块最后两行注释掉，这样就去掉了程序结束的"%"。

步骤 3 解决程序号指令字不匹配问题

使用文本编辑器的查找功能查找"progno$"关键词，找到以下代码片段：

```
#Move comment (pound) to output colon with program numbers
fmt   "O" 7    progno$                    #Program number
#fmt ":" 7    progno$                     #Program number
fmt   "O" 7    main_prg_no$               #Program number
#fmt ":" 7    main_prg_no$                #Program number
fmt   "O" 7    sub_prg_no$                #Program number
#fmt ":" 7    sub_prg_no$                 #Program number
```

```
fmt    "X" 2    sub_trnsx$                    #Rotation point
fmt    "Y" 2    sub_trnsy$                    #Rotation point
fmt    "Z" 2    sub_trnsz$                    #Rotation point
```

找到 fmt   "O" 7   progno$数字格式分配语句，将语句中数字格式 7 改为 6，再将前缀字符"O"改成"%"，修改代码为 fmt   "%" 6   progno$。

完成以上修改后，NC 代码输出结果如下：

```
%000
 ( T20 |      10. DRILL | H20 )
N100 G21
N110 G0 G17 G40 G49 G80 G90
N150 T20 M6
N160 G0 G90 X0. Y0.S1145 M3
N170 G43 H20 Z25.
N180 G99 G81 Z0. R25. F50.
N190 G80
N200 M5
N210 G91 G28 Z0.
N220 G28 X0. Y0.
N230 M30
```

8.2 NC 程序注释修改方法

如图 8-2 所示，NC 程序注释指程序中的说明与提示信息，一般包括程序说明、刀具信息、操作说明等。规范的 NC 程序注释不仅有利于 NC 程序的阅读与调试，还有利于加工文档的管理、DNC 系统的实施。

```
%000
(DATE=DD-MM-YY - 05-09-18 TIME=HH:MM - 14:56)                     （程序头信息）
(MCAM FILE - T)
(NC FILE - E:\DOCUMENTS\SHARED MCAM2019\MILL\NC\T.NC)
(MATERIAL - ALUMINUM MM - 2024)
 ( T20 |      10. DRILL | H20 )                                   （程序头刀具列表）
 ( T219 |       10. FLAT ENDMILL | H219 )
G21
G0 G17 G40 G49 G80 G90
 (      10. DRILL | TOOL - 20 | DIA. OFF. - 20 | LEN. - 20 | TOOL DIA. - 10. )   （当前操作刀具信息）
 ( ZMIN Z0. ZMAX Z25.1 )                                          （当前操作 Zmin、Zmax）
 ( DRILLING )                                                     （操作名注释）
T20 M6
G0 G90 G54 X0. Y0. S1145 M3
G43 H20 Z25.1
G99 G81 Z0. R25.1 F50.
G80
M5
G91 G28 Z0.
M01
M30
```

图 8-2 程序注释与说明

下面以 MPFAN.PST 后处理为实例，分别说明：

1. 程序头注释修改技巧

用文本编辑器打开 MPFAN.PST，查找 pheader$后处理块，找到以下代码片段：

```
pheader$                                          #Call before start of file
        #if subs_before, " ", e$                  #header character is output from peof when subs
                                                  are output before main

        #else, "%", e$
        sav_spc = spaces$
        spaces$ = 0
        *progno$,e$
        #*progno$, sopen_prn, sprogname$, sclose_prn, e$
        #sopen_prn, "PROGRAM NAME - ", sprogname$, sclose_prn, e$
        sopen_prn, "DATE=DD-MM-YY - ", date$, " TIME=HH:MM - ", time$, sclose_prn, e$
                                                  #Date and time
        #sopen_prn, "DATE - ", month$, "-", day$, "-", year$, sclose_prn, e$
                                                  #Date output as month,day,year
        #sopen_prn, "DATE - ", *smonth, " ", day$, " ", *year2, sclose_prn, e$
                                                  #Date output as month,day,year
        #sopen_prn, "TIME - ", time$, sclose_prn, e$   #24 hour time output - Ex. 15:52
        #sopen_prn, "TIME - ", ptime sclose_prn, e$    #12 hour time output 3:52 PM
        spathnc$ = ucase(spathnc$)
        smcname$ = ucase(smcname$)
        stck_matl$ = ucase(stck_matl$)
        snamenc$ = ucase(snamenc$)
        sopen_prn, "MCAM FILE - ", *smcpath$, *smcname$, *smcext$, sclose_prn, e$
        sopen_prn, "NC FILE - ", *spathnc$, *snamenc$, *sextnc$, sclose_prn, e$
        sopen_prn, "MATERIAL - ", *stck_matl$, sclose_prn, e$

        spaces$ = sav_spc
```

上述代码，pheader$为程序头后处理块。块中定义了程序名、创建 NC 时间、MCX 文件路径和 MCX 文件名、NC 文件路径和 NC 文件名、材料说明等程序头信息。这些信息在定义时用到了一些系统变量，这些系统变量的含义见表 8-1。

表 8-1　pheader$块中系统变量的含义

系 统 变 量	变量表示的含义
space$	空格
progno$	程序号
sprogname$	程序名
time$	时间
date$	日期
year$ month $ day$	年月日
spathnc$	NC 文件路径
smcpath$	MCX 文件路径

（续）

系 统 变 量	变量表示的含义
snamenc$	NC 文件名称
smcname$	MCX 文件名称
smcext$	MCX 文件扩展名
sextnc$	NC 文件扩展名

在理解 pheader$块代码含义之后，就可以对代码进行编辑与修改。修改时，可以使用"#"注释掉不需要输出的代码，也可以增加自定义的代码。例如，要在程序头增加计算机用户名信息，我们可以增加以下代码：

```
spcname:""
pheader$                #Call before start of file
    sopen_prn, spcname=sysinfo(result,2), *spcname,sclose_prn, e$
```

2. 程序头刀具列表修改技巧

实例 8-2

修改程序头刀具列表

修改程序头刀具列表，可按以下步骤进行：

步骤 1 预读刀具信息

用文本编辑器查找功能搜索"tooltable$"，找到以下代码：

```
tooltable$    : 3        #Pre-read, call the pwrtt postblock
```

修改 tooltable$的初始值为 3，这样就开启了预读刀具信息的功能。

步骤 2 启用输出刀具列表功能

用文本编辑器查找功能搜索"tool_info"，在变量声明区域找到以下代码片段：

```
tool_info     : 3        #Output tooltable information?
                         #0 = Off - Do not output any tool comments or tooltable
                         #1 = Tool comments only
                         #2 = Tooltable in header - no tool comments at T/C
                         #3 = Tooltable in header - with tool comments at T/C
```

将 tool_info 的初始值修改为 2 或 3，这样程序头就可以输出刀具列表了。

步骤 3 编辑刀具列表输出信息

用文本编辑器查找功能搜索"ptooltable"，找到以下代码：

```
ptooltable                    #Tooltable output
    sopen_prn, *t$, sdelimiter, pstrtool, sdelimiter, *tlngno$,
    [if comp_type > 0 & comp_type < 4, sdelimiter, *tloffno$, sdelimiter, *scomp_type,
    sdelimiter, *tldia$],
    [if xy_stock <> 0 | z_stock <> 0, sdelimiter, *xy_stock, sdelimiter, *z_stock],
    sclose_prn, e$
    xy_stock = 0              #Reset stock to leave values
    z_stock = 0              #Reset stock to leave values

pstrtool                      #Comment for tool
```

```
        if strtool$ <> sblank,
            [
            strtool$ = ucase(strtool$)
            *strtool$
            ]
```

ptooltable 后处理块是处理刀具列表输出块，块中输出信息包含刀具号 t$、刀具名称 strtool$、刀具长度补偿 tlngno$、刀具轮廓补偿类型 scomp_type、刀具直径 tldia$、xy 余量 xy_stock、Z 余量 z_stock。在 ptooltable 块中可以增加自定义刀具信息。例如，要增加刀具圆角半径信息，可将代码修改为：

```
fmt "TOOL CR. - "        1        tcr$    #Note format
ptooltable                          #Tooltable output
        sopen_prn, *t$, sdelimiter, pstrtool, sdelimiter, *tlngno$,*tcr$,
        [if comp_type > 0 & comp_type < 4, sdelimiter, *tloffno$, sdelimiter, *scomp_type,
        sdelimiter, *tldia$],
        [if xy_stock <> 0 | z_stock <> 0, sdelimiter, *xy_stock, sdelimiter, *z_stock],
        sclose_prn, e$
        xy_stock = 0                #Reset stock to leave values
        z_stock = 0                 #Reset stock to leave values
```

修改后运行结果为：

```
%000
(DATE=DD-MM-YY - 05-09-18 TIME=HH:MM - 18:35)
(MCAM FILE - T)
(NC FILE - E:\DOCUMENTS\SHARED MCAM2019\MILL\NC\T.NC)
(MATERIAL - ALUMINUM MM - 2024)
(DESKTOP-20TFUSJ\mypc)
( T219 |     10. FLAT ENDMILL | H219 )
N100 G21
N110 G0 G17 G40 G49 G80 G90
(    10. FLAT ENDMILL | TOOL - 219 | DIA. OFF. - 219 | LEN. - 219 | TOOL DIA. - 10. | TOOL CR. - 2. )
( ZMIN Z0. ZMAX Z25.3 )
( CONTOUR MILLING )
N120 T219 M6
N130 G0 G90 G54 X.968 Y-13.732 S3500 M3
N140 G43 H219 Z25.3
N150 Z10.
……
N230 M5
N240 G91 G28 Z0.
N250 G28 X0. Y0.
N260 M30
```

3. 操作注释修改技巧

MP 可输出操作 ID、操作名称、操作备注，也可以输出当前操作的刀具信息、余量信息、最大 Z 轴坐标和最小 Z 轴坐标，还可以输出当前操作的循环时间。下面以 MPFAN.PST 为例，介绍操作注释信息的修改方法。

实例 8-3

Zmin、Zmax 修改

实现输出 Zmin、Zmax 的功能，可按以下步骤进行。

步骤 1　启用换刀时输出刀具信息功能

用文本编辑器查找功能搜索"tool_info"，在变量声明区域找到以下代码片段：

```
tool_info      : 3        #Output tooltable information?
                          #0 = Off - Do not output any tool comments or tooltable
                          #1 = Tool comments only
                          #2 = Tooltable in header - no tool comments at T/C
                          #3 = Tooltable in header - with tool comments at T/C
```

将 tool_info 的初始值修改为 3，启用换刀时输出刀具信息功能。

步骤 2　编辑刀具信息后处理块

用文本编辑器查找功能搜索"ptoolcomment "，找到以下代码：

```
ptoolcomment               #Comment for tool
    tnote = t$, toffnote = tloffno$, tlngnote = tlngno$
    if tool_info = 1 | tool_info = 3,
    sopen_prn, pstrtool, sdelimiter, *tnote, sdelimiter, *toffnote, sdelimiter, *tlngnote, sdelimiter,
    *tldia$,   sdelimiter,*tcr$,sclose_prn, e$
pstrtool                   #Comment for tool
    if strtool$ <> sblank,
      [
      strtool$ = ucase(strtool$)
      *strtool$
      ]
```

从代码中可以看出，输出的刀具信息包含了刀具名称 strtool$、刀具编号 tnote、刀具半径补偿号 toffnote、刀具长度补偿号 tlngnote、刀具直径、刀具圆角半径。块中 sopen_prn 和 sclose_prn 字符串变量分别表示前括号和后括号，sdelimiter 字符串变量为"|"分隔字符。

我们可以把 ptoolcomment 块的内容修改为：

```
ptoolcomment
    tnote = t$, toffnote = tloffno$, tlngnote = tlngno$
    if tool_info = 1 | tool_info = 3,
    # sopen_prn, pstrtool, sdelimiter, *tnote, sdelimiter, *toffnote, sdelimiter, *tlngnote,
    sdelimiter, *tldia$,   sdelimiter,*tcr$,sclose_prn, e$
    [
        "(",pstrtool,*tnote,*toffnote,*tlngnote, e$
        "(TOOL:", pstrtool, *tnote,    *tldia$, *tcr$,")", e$
    ]
```

修改后输出结果为：

%000
(DATE=DD-MM-YY - 08-09-18 TIME=HH:MM - 09:19)
(MCAM FILE - T)
(NC FILE - E:\DOCUMENTS\SHARED MCAM2019\MILL\NC\T.NC)
(MATERIAL - ALUMINUM MM - 2024)
(DESKTOP-20TFUSJ\mypc)
(T219 | 10. FLAT ENDMILL | H219)
N100 G21
N110 G0 G17 G40 G49 G80 G90
(10. FLAT ENDMILL TOOL - 219 DIA. OFF. - 219 LEN. - 219
(TOOL: 10. FLAT ENDMILL TOOL - 219 TOOL DIA. - 10. TOOL CR. - 0.)
……

步骤 3　在操作注释中增加 Zmin、Zmax 输出

首先定义 pzmin_zmax 块、声明自定义变量，代码如下：

```
stack_size:0                          # number of records in stack
fmt "ZMIN Z" 2 recd1                  #first field in record
fmt "ZMAX Z" 2 recd2                  #second field in record
fstack 1 2                            #define stack 1 with 2 fields each record
pzmin_zmax
        stack_size=pop(1,result,0)
        recd1=pop(1,result,1),
        sopen_prn,*recd1,*recd2,sclose_prn,e$
```

然后，在 pwrtt$ 后处理块中增加 z_min$,zmax$ 压堆代码，代码片段如下：

```
pwrtt$                #Pre-read NCI file
        if tool_info > 1 & t$ > 0 & gcode$ <> 1003, ptooltable
        if gcode$<>1001,recd1=z_min$, recd2=z_max$,recd1=push(1,result,1)
```

接着，在 ptoolcomment、ptlchg0$ 后处理块中插入 pzmin_zmax，插入位置如下：

```
ptlchg0$                        #Call from NCI null tool change (tool number repeats)
        pcuttype
        toolchng0 = one
        pcom_moveb
        pcheckaxis
        !op_id$                 # Added with probing support
        inhibit_probe$
        c_mmlt$                 #Multiple tool subprogram call
        pzmin_zmax              #插入 pzmin_zmax
        comment$
        pcan
        result = newfs(15, feed) #Reset the output format for 'feed'
        pbld, n$, sgplane, e$
……
```

```
ptoolcomment                              #Comment for tool
      tnote = t$, toffnote = tloffno$, tlngnote = tlngno$
      if tool_info = 1 | tool_info = 3,
       # sopen_prn, pstrtool, sdelimiter, *tnote, sdelimiter, *toffnote, sdelimiter, *tlngnote,
        sdelimiter, *tldia$,    sdelimiter,*tcr$,sclose_prn, e$
       [
            "(",pstrtool,*tnote,*toffnote,*tlngnote, e$
            "(TOOL:", pstrtool, *tnote,    *tldia$, *tcr$,")", e$
       ]
      pzmin_zmax                           #插入 pzmin_zmax
```

完成上述操作后，NC 输出结果为：

```
%000
(DATE=DD-MM-YY - 08-09-18 TIME=HH:MM - 09:40)
(MCAM FILE - T)
(NC FILE - E:\DOCUMENTS\SHARED MCAM2019\MILL\NC\T.NC)
(MATERIAL - ALUMINUM MM - 2024)
(DESKTOP-20TFUSJ\mypc)
( T219 |      10. FLAT ENDMILL | H219 )
N100 G21
N110 G0 G17 G40 G49 G80 G90
(10. FLAT ENDMILL TOOL - 219 DIA. OFF. - 219 LEN. - 219
(TOOL: 10. FLAT ENDMILL TOOL - 219 TOOL DIA. - 10. TOOL CR. - 0. )
( ZMIN Z0. ZMAX Z25. )                         #输出 Zmin、Zmax
N120 T219 M6
N130 G0 G90 G54 X-11.155 Y26.272 S3500 M3
N140 G43 H219 Z25.
N150 Z10.
N160 G1 Z0. F3.6
N170 Y16.272
N180 G3 X-1.155 Y6.272 I10. J0.
N190 G1 X.061
N200 G2 X5.061 Y1.272 I0. J-5.
……
```

8.3 圆弧输出格式修改

圆弧的输出格式，可以通过控制器定义"圆弧"选项进行调整。图 8-3 所示为控制器定义"圆弧"选项，在对话框中可以进行调整圆心形式、打断圆弧、输出全圆、输出螺旋、过滤微小圆弧等操作。

1. 调整圆心形式

圆弧圆心形式有多种，有用 IJK 指定圆心位置，有用圆弧半径 R 指定圆心位置，还有用圆心绝对坐标指定圆心位置。调整圆心形式，可通过"圆心形式"选项进行修改，具体操作步骤如下：

图 8-3　控制器定义"圆弧"选项

步骤 1　访问"控制器定义"对话框

● 选择"机床"选项卡；

● 在"机床设置"组别中选择"机床定义"；

● 单击确定图标，忽略警告进入"机床定义管理"对话框；

● 在"机床定义管理"对话框中，单击"编辑控制器定义"图标访问控制器定义。

步骤 2　选择"圆弧"选项

● 在"控制器定义"对话框左侧的"控制器选项"树形列表中选择"圆弧"选项；

● 在更新的页面中找到"圆心形式"选项组。

步骤 3　如图 8-4 所示，在"圆心形式"选项中修改。

● 可修改 XY 平面的圆心形式；

● 可修改 XZ 平面的圆心形式；

● 可修改 YZ 平面的圆心形式。

2. 打断圆弧

用圆弧半径 R 指定圆心位置时，在同一半径 R 的情况下，从圆弧的起点到终点有两种圆弧的可能性。为区别二者，规定圆心角小于等于 180° 时用正 R 表示，圆心角大于 180° 时用负 R 表示。有时为了避免圆弧圆心角大于 180°，也可以将圆弧在象限点打断，操作步骤如下：

● 访问"控制器定义"对话框；

● 选择"圆弧"选项；

● 如图 8-5 所示，在"打断圆弧"选项中修改。

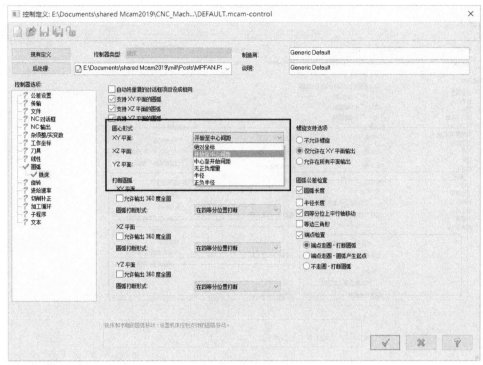

图 8-4　圆心输出方式

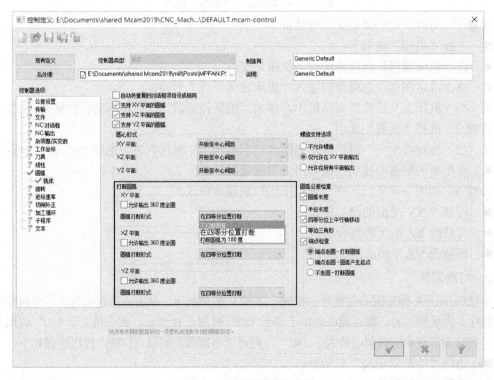

图 8-5　"打断圆弧"选项

3. 圆弧公差检查

NC 中圆弧过小，容易引起圆弧错误报警，还容易引起加工过切，甚至造成加工事故。为了避免这类事故的发生，可通过"圆弧公差检查"进行圆弧公差和圆弧端点检查。启用圆弧公差检查功能后，当圆弧长度小于线性公差、圆弧半径小于最小半径、圆心到起点或终点矢量和轴线趋向平行、由起点圆心终点三点构成的角度大于 atol 公差时，系统会将圆弧转换成直线段。

启用圆弧公差检查选项，具体的操作步骤如下：

● 访问"控制器定义"对话框；

● 选择"圆弧"选项；

● 如图 8-6 所示，在"圆弧公差检查"和"端点检查"选项中选择检查方式。

图 8-6 圆弧公差检查

补充知识点视频：光盘:视频\05 圆弧输出格式修改方法.mp4

8.4 固定循环修改技巧

不同数控系统之间，固定循环程序格式存在一定差异。为了让后处理生成的 NC 程序满足数控系统的要求，一般需要修改或自定义固定循环代码。在修改代码时，注意要找准相关的处理模块，并结合 NC 程序格式要求，在完全理解固定循环处理机制后再进行修改。表 8-2 是常见的固定循环后处理块。

表 8-2　固定循环后处理块

pdrill$	钻孔固定循环
ppeck$	啄钻固定循环
pchpbrk$	断屑钻孔固定循环
ptap$	攻螺纹固定循环
pmisc1$	misc1 固定循环
pmisc2$	misc2 固定循环
pdrlcst$	自定义固定循环
pdrill_2$	重复位置钻孔固定循环
ppeck_2$	重复位置啄钻固定循环
pchpbrk_2$	重复位置断屑钻孔固定循环
ptap_2$	重复位置攻螺纹固定循环
pmisc1_2$	重复位置 misc1 固定循环
pmisc2_2$	重复位置 misc2 固定循环
pdrlcst_2$	重复位置自定义固定循环
pcanceldc$	取消固定循环

下面以西门子数控系统为例，介绍固定循环的修改方法。

实例 8-4

西门子 828 数控系统 CYCLE81 钻孔固定循环修改

西门子 828 数控系统 CYCLE81 钻孔固定循环的程序格式：

CYCLE81(RTP,RFP,SDIS,DP,DPR, DTB, GMODE, DMODE, AMODE)

其中，

RTP　表示回退平面 (绝对)；

RFP　表示基准面 (绝对)；

SDIS 表示安全距离 (不输入符号)；

DP　表示孔底深度 (绝对)；

DPR　表示相对基准面的孔底深度 (不输入符号)；

DTB　表示孔底处停留时间。

在理解程序格式之后，接下来以 MPFAN.PST 为模板修改后处理，具体操作步骤如下：

步骤 1　修改 sgdrill 字符串选择

用文本编辑器查找功能查找 "fstrsel sg81 drlgsel sgdrill 16 -1"，找到以下代码片段：

```
# ------------------------------------------------------------
# Canned drill cycle string select
sg81     : "G81"              #drill - no dwell
sg81d    : "G82"              #drill - with dwell
sg83     : "G83"              #peck drill - no dwell
sg83d    : "G83"              #peck drill - with dwell
sg73     : "G73"              #chip break - no dwell
sg73d    : "G73"              #chip break - with dwell
sg84     : "G84"              #tap - right hand
sg84d    : "G74"              #tap - left hand
```

```
sg85     : "G85"              #bore #1 - no dwell
sg85d    : "G89"              #bore #1 - with dwell
sg86     : "G86"              #bore #2 - no dwell
sg86d    : "G86"              #bore #2 - with dwell
sgm1     : "G76"              #fine bore - no dwell
sgm1d    : "G76"              #fine bore - with dwell
sgm2     : "G84"             #rigid tap   - right hand
sgm2d    : "G74"             #rigid tap   - left hand
sgdrill : ""                 #Target string
fstrsel sg81 drlgsel sgdrill 16 -1
```

将代码修改为：

```
# Canned drill cycle string select
sg81     : "CYCLE81"          #drill       - no dwell
sg81d    : "CYCLE82"          #drill       - with dwell
sg83     : "CYCLE83"          #peck drill - no dwell
sg83d    : "CYCLE83"          #peck drill - with dwell
sg73     : "CYCLE83"          #chip break - no dwell
sg73d    : "CYCLE83"          #chip break - with dwell
sg84     : "CYCLE84"          #tap         - right hand
sg84d    : "CYCLE84"          #tap         - left hand
sg85     : "CYCLE85"          #bore #1     - no dwell
sg85d    : "CYCLE89"          #bore #1     - with dwell
sg86     : "CYCLE86"          #bore #2     - no dwell
sg86d    : "CYCLE86"          #bore #2     - with dwell
sgm1     : "CYCLE87"          #misc #1     - no dwell
sgm1d    : "CYCLE88"          #misc #1     - with dwell
sgm2     : "CYCLE81"          #misc #2     - no dwell
sgm2d    : "CYCLE82"          #misc #2     - with dwell
sgdrill  : ""                 #Target for string
fstrsel sg81 drlgsel sgdrill 16 -1
```

步骤 2　修改 pdrill$后处理块

用文本编辑器搜索"pdrill$"，找到以下代码片段：

```
pdrill$                      #Canned Drill Cycle
        pdrlcommonb
        pcan1, pbld, n$, *sgdrlref, *sgdrill, pxout, pyout, pfzout, pcout,
          prdrlout, dwell$, *feed, strcantext, e$
        pcom_movea
```

将代码修改为：

```
fmt 2 RTP
fmt 2 RFP
fmt 2 SDIS
fmt 2 DP
fmt 2 DTB
scomma : ','
```

```
pdrill$                                          #Canned Drill Cycle
    #CYCLE81(RTP,RFP,SDIS,DP,DPR, DTB, GMODE, DMODE, AMODE)
        pdrlcommonb
        RTP=w$                                   #abs initht
        RFP=w$-drl_sel_ini$+drl_sel_tos$         #abs tosz
        SDIS=drl_sel_ref$-drl_sel_tos$           #inc refht
        DP=z$                                    #abs depth
        DTB=dwell$                               #dwell time
        pbld, n$, pxout, pyout,e$
        pbld, n$, feed, e$
        pbld, n$,spaces$=0
        " MCALL ", *sgdrill, "(", *RTP,  scomma, *RFP,  scomma,*SDIS,  scomma, *DP,  scomma, scomma,
        *DTB ",0,1,12)", e$,spaces$=1
        pbld, n$,pfxout,pfyout,e$
        pcom_movea
```

步骤 3   修改 pdrill_2$后处理块

用文本编辑器搜索"pdrill_2$"，找到以下代码片段：

```
pdrill_2$                                        #Canned Drill Cycle, additional points
        pdrlcommonb
        pcan1, pbld, n$, pxout, pyout, pzout, pcout, prdrlout, feed, strcantext, e$
        pcom_movea
```

将代码修改为：

```
pdrill_2$                                        #Canned Drill Cycle, additional points
        pdrlcommonb
        # pcan1, pbld, n$, pxout, pyout, pzout, pcout, prdrlout, feed, strcantext, e$
        pcan1, pbld, n$, pfxout, pfyout, e$
        pcom_movea
```

步骤 4   修改 pcanceldc$后处理块

用文本编辑器搜索"pcanceldc$"，找到以下代码片段：

```
pcanceldc$                                       #Cancel canned drill cycle
        result = newfs(three, zinc)
        z$ = initht$
        if cuttype = one, prv_zia = initht$ + (rotdia$/two)
        else, prv_zia = initht$
        pxyzcout
        !zabs, !zinc
        prv_gcode$ = zero
        pcan
        pcan1, pbld, n$, sg80, strcantext, e$
        if (drillcyc$ = 3 | drillcyc$ = 7) & tap_feedtype, pbld, n$, sg94, e$
        result = newfs(15, feed)                 #Reset the output format for 'feed'
        pcan2
```

将代码修改为：

```
pcanceldc$                                       #Cancel canned drill cycle
```

```
            result = newfs(three, zinc)
            z$ = initht$
            if cuttype = one, prv_zia = initht$ + (rotdia$/two)
            else, prv_zia = initht$
            pxyzcout
            !zabs, !zinc
            prv_gcode$ = zero
            pcan
            #pcan1, pbld, n$, sg80, strcantext, e$
             pcan1, pbld, n$,   "MCALL ",e$
            if (drillcyc$ = 3 | drillcyc$ = 7) & tap_feedtype, pbld, n$, sg94, e$
            result = newfs(15, feed)              #Reset the output format for 'feed'
            pcan2
```

完成以上四个步骤后，后处理运行结果为：

```
%
O0000(T)
(DATE=DD-MM-YY - 09-09-18 TIME=HH:MM - 21:52)
(MCAM FILE - T)
(NC FILE - E:\DOCUMENTS\SHARED MCAM2019\MILL\NC\T.NC)
(MATERIAL - ALUMINUM MM - 2024)
( T20 |      10. DRILL | H20 )
N100 G21
N110 G0 G17 G40 G49 G80 G90
N120 T20 M6
N130 G0 G90 G54 X0. Y0. A0. S1145 M3
N140 G43 H20 Z50.
N150 F50.
N160 MCALL CYCLE81(50.,0.,3.,-10.,,0.,0,1,12)
N170 X0. Y0.
N180 X40.464 Y0.
N190 MCALL
N200 M5
N210 G91 G28 Z0.
N220 G28 X0. Y0. A0.
N230 M30
%
```

8.5 辅助功能和切削液代码修改技巧

辅助功能 M 代码由指令字 M 为首后面跟数字组成，指令范围一般是 M00～M200。在编程时，可通过图 8-7 所示"插入指令"功能页面来开启及调整 M 代码的位置。

切削液代码，也是由 M 为首后面跟数字组成，通常为 M7、M8、M9。在编程时，可通过图 8-8 所示"冷却液"（以下软件界面中"切削液"均显示为"冷却液"）功能页面来开启和调整切削液代码的位置。

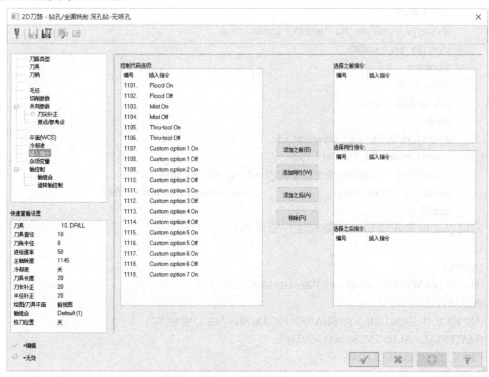

图 8-7　插入指令

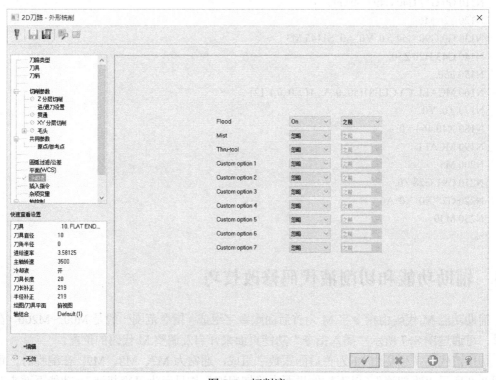

图 8-8　切削液

辅助功能和切削液 M 代码的 NCI 数据存储在 NCI 1025 中，NCI 1025 的参数数据由 M 代码的位置和 M 代码的数值组成。处理这些数据的后处理块有：

pcan	#在之前行输出
pcan1	#同行输出
pcan2	#在之后行输出
pcant_1~pcant_20	#获取位置和数值
pcanout	#输出处理

下面以 MPFAN.PST 的 psof$ 块为例，分析 pcan、pcan1 和 pcan2 块的调用过程。

```
psof$                              #Start of file for non-zero tool number
        probe_head$
        pcuttype
        toolchng = one
        if ntools$ = one,
           [
           #skip single tool outputs, stagetool must be on
           stagetool = m_one
           !next_tool$
           ]
        pbld, n$, *smetric, e$
        if convert_rpd$, pconvert_rpd
        pbld, n$, [if gcode$, *sgfeed], *sgcode, *sgplane, scc0, sg49, sg80, *sgabsinc, [if gcode$, *feed], e$
        inhibit_probe$
        sav_absinc = absinc$
        if mi1$ <= one, #Work coordinate system
           [
           absinc$ = one
           pfbld, n$, sgabsinc, *sg28ref, "Z0.", e$
           pfbld, n$, *sg28ref, "X0.", "Y0.", e$
           pfbld, n$, sg92, *xh$, *yh$, *zh$, e$
           absinc$ = sav_absinc
           ]
        pcom_moveb
        pcheckaxis
        uninhibit_probe$
        c_mmlt$ #Multiple tool subprogram call
        ptoolcomment
        comment$
        pcan                       #在换刀指令输出前输出 M 代码
        pbld, n$, *t$, sm06, e$
        pindex
        if mi1$ > one, absinc$ = zero
        if use_rot_lock & (cuttype <> zero | (index = zero & prv_cabs <> fmtrnd(cabs))), prot_unlock
        if convert_rpd$, pconvert_rpd
        pcan1, pbld, n$, [if gcode$, *sgfeed], *sgcode, *sgabsinc, pwcs, pfxout, pfyout, pfcout,
           [if nextdc$ <> 7, *speed, *spindle], pgear, [if gcode$, *feed], strcantext, e$
```

#在输出刀具长度补偿同行输出 M 代码

```
      if use_rot_lock & cuttype = zero, prot_lock
      result = force(feed)    # Force output of feed next time it's called for output
      pbld, n$, sg43, *tlngno$, pfzout, pscool, pstagetool, e$
      absinc$ = sav_absinc
      pbld, n$, sgabsinc, e$
      pcom_movea
      toolchng = zero
      c_msng$ #Single tool subprogram call
pcom_movea        #Common motion preparation routines, after
      pcan2         #在输出刀具长度补偿下一行输出 M 代码
      pe_inc_calc
```

从代码中可以观察到，pcan 后处理块在换刀指令输出之前调用，pcan1 后处理块在输出刀具长度补偿同行调用，pcan2 后处理块在输出刀具长度补偿下一行调用，因此实际应用中只要调整 pcan、pcan1 和 pcan2 的位置，就可调整 M 代码的输出位置。

有时，调整了 M 代码位置也不一定满足程序格式的要求，往往还需要调整 M 代码的输出内容。M 代码的输出内容，可通过修改 scoolant 和 scoolantx 字符串选择的内容来修改。下面列出 MPFAN.PST 中 scoolant 和 scoolantx 字符串选择代码片段：

```
# ---------------------------------------------------------------------------
# Coolant M code selection for V9 style coolant
# Note: To enable V9 style coolant, click on the General Machine Parameters icon
#      in the Machine Definition Manager, Coolant tab, enable first check box
#      Output of V9 style coolant commands in this post is controlled by scoolant
sm09     : "M9"                    #Coolant Off
sm08     : "M8"                    #Coolant Flood
sm08_1   : "M8"                    #Coolant Mist
sm08_2   : "M8"                    #Coolant Tool
scoolant : ""                      #Target string

fstrsel sm09 coolant$ scoolant 4 -1
# ---------------------------------------------------------------------------
# Coolant output code selection for X style coolant
# Note: To enable X style coolant, click on the General Machine Parameters icon
#      in the Machine Definition Manager, Coolant tab, disable first check box
#      Output of X style coolant commands in this post is controlled by pcan, pcan1, & pcan2
scool50 : "M8"                 #Coolant 1 on value
scool51 : "M9"                 #Coolant 1 off value
scool52 : "M7"                 #Coolant 2 on value
scool53 : "M9"                 #Coolant 2 off value
scool54 : "M88"                #Coolant 3 on value
scool55 : "M89"                #Coolant 3 off value
scool56 : "M8(Coolant4=ON)"    #Coolant 4 on value
scool57 : "M9(Coolant4=OFF)"   #Coolant 4 off value
scool58 : "M8(Coolant5=ON)"    #Coolant 5 on value
scool59 : "M9(Coolant5=OFF)"   #Coolant 5 off value
```

```
scool60 : "M8(Coolant6=ON)"        #Coolant 6 on value
scool61 : "M9(Coolant6=OFF)"       #Coolant 6 off value
scool62 : "M8(Coolant7=ON)"        #Coolant 7 on value
scool63 : "M9(Coolant7=OFF)"       #Coolant 7 off value
scool64 : "M8(Coolant8=ON)"        #Coolant 8 on value
scool65 : "M9(Coolant8=OFF)"       #Coolant 8 off value
scool66 : "M8(Coolant9=ON)"        #Coolant 9 on value
scool67 : "M9(Coolant9=OFF)"       #Coolant 9 off value
scool68 : "M8(Coolant10=ON)"       #Coolant 10 on value
scool69 : "M9(Coolant10=OFF)"      #Coolant 10 off value
scoolantx   : ""                   #Target string
fstrsel scool50 coolantx scoolantx 20 -1
```

scoolant 变量用于输出旧版本切削液 M 代码。如采用旧版本切削液 M 代码处理方式，就需要在机床控制器定义中开启"支持的冷却液使用后处理程序中冷却液值"选项，具体操作步骤如下：

步骤 1　访问"控制器定义"对话框

- 选择"机床"选项卡；
- 在"机床设置"组别中选择"机床定义"；
- 单击确定图标，忽略警告进入"机床定义管理"对话框。

步骤 2　开启"支持的冷却液使用后处理程序中冷却液值"选项

- 如图 8-9 所示，在"机床定义管理"对话框中，单击"编辑标准机床参数"图标（图 8-9 中①）；
- 弹出"标准机床参数"对话框，然后选择"冷却液命令"选项卡（图 8-9 中②）；
- 勾选"支持的冷却液使用后处理程序中冷却液值"选项（图 8-9③）；
- 保存修改并退出"机床定义管理"对话框。

图 8-9　启用旧版本切削液处理方式

当"支持的冷却液使用后处理程序中冷却液值"选项开启时，M 代码的输出内容就可以通过修改 scoolant 字符串选择的内容来修改。假设切削液开启 M 代码是 M7、油雾冷却开启 M 代码是 M8、刀具中心出水开启 M 代码是 M10、关闭所有冷却的 M 代码是 M9，可以将 scoolant 字符串选择的内容修改为：

```
sm09      : "M9"              #Coolant Off
sm08      : "M7"              #Coolant Flood
sm08_1  : "M8"              #Coolant Mist
sm08_2  : "M10"             #Coolant Tool
scoolant : ""                 #Target string
fstrsel sm09 coolant$ scoolant 4-1
```

有时，需要在操作中插入 M00 或 M01 辅助功能。这时，可使用"插入指令"功能。插入指令功能，可以在之前程序行插入 M 代码，也可以在当前程序行插入 M 代码，还可以在之后的程序行中插入 M 代码。

下面详细说明在操作中插入 M01 的操作步骤：

步骤 1 访问"控制器定义"对话框

● 选择"机床"选项卡；

● 在"机床设置"组别中选择"机床定义"；

● 单击确定图标，忽略警告进入"机床定义管理"对话框；

● 在"机床定义管理"对话框中，单击"编辑控制器定义"图标访问"控制器定义"对话框。

步骤 2 修改"插入指令"文本

● 在"控制器选项"树形列表中选择"文本"；

● 在弹出的"文本"列表中选择"插入指令"；

● 如图 8-10 所示，修改"固有文本 1"的插入指令为"M00"；

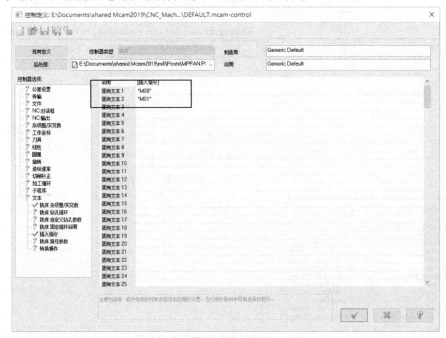

图 8-10　修改"插入指令"文本

- 修改"固有文本 2"的插入指令为"M01";
- 保存控制器定义和机床定义。

步骤 3 使用插入指令

- 如图 8-11 所示,编程时在对话框的左侧树形列表中选择"插入指令"选项;
- 选择"M01",单击"添加之前"按钮。

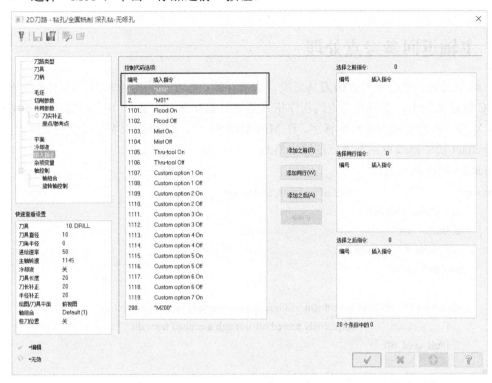

图 8-11 插入 M 指令

完成以上步骤后,后处理运行结果为:

```
%
O0000(T)
(DATE=DD-MM-YY - 10-09-18 TIME=HH:MM - 20:10)
(MCAM FILE - T)
(NC FILE - E:\DOCUMENTS\SHARED MCAM2019\MILL\NC\T.NC)
(MATERIAL - ALUMINUM MM - 2024)
( T20 |    10. DRILL | H20 )
N100 G21
N110 G0 G17 G40 G49 G80 G90
N150 M01                              (插入指令生成的 M01 代码)
N160 T20 M6
N170 G0 G90 X0. Y0. A0. S1145 M3
N180 G43 H20 Z25.
N190 G99 G81 Z0. R25. F50.
```

```
N200 G80
N210 M5
N220 G91 G28 Z0.
N230 G28 Y0. A0.
N240 M30
%
```

8.6   主轴返回参考点处理

三轴立式加工中心参考点指刀具交换、加工开始、加工结束时主轴返回的安全位置。在
FANUC 数控系统中，返回参考点的程序格式是 G91 G28 X_ Y_ Z_，其中 G28 为回参考点指
令字，X、Y、Z 为返回参考点坐标字。在 MPFAN.PST 中，如采用 G54 方式设定工件坐标系，
可在 pretract 块中修改返回参考点的输出格式。

pretract 块代码片段：

```
pretract                        #End of tool path, toolchange
      sav_absinc = absinc$
      absinc$ = one
      sav_coolant = coolant$
      coolant$ = zero


      #if nextop$ = 1003, #Uncomment this line to leave coolant on until eof unless
        [                       #explicitely turned off through a canned text edit
        if all_cool_off,
          [
          #all coolant off with a single off code here
          if coolant_on, pbld, n$, sall_cool_off, e$
          coolant_on = zero
          ]
        else,
          [
          local_int = zero
          coolantx = zero
          while local_int < 20 & coolant_on > 0,
            [
            coolantx = and(2^local_int, coolant_on)
            local_int = local_int + one
            if coolantx > zero,
              [
              coolantx = local_int
              pbld, n$, scoolantx, e$
              ]
```

```
            coolantx = zero
              ]
          coolant_on = zero
            ]
        ]
      #cc_pos is reset in the toolchange here
      cc_pos$ = zero
      gcode$ = zero
      if use_rot_lock & rot_on_x,
        [
        if (index = one & (prv_indx_out <> fmtrnd(indx_out)) | (prv_cabs <> fmtrnd(cabs)))
          | nextop$ = 1003 | frc_cinit, prot_unlock
        ]
      pbld, n$, sccomp, *sm05, psub_end_mny, e$
      if convert_rpd$, pconvert_rpd
      pbld, n$, [if gcode$, sgfeed], sgabsinc, sgcode, *sg28ref, "Z0.", [if gcode$, feed], scoolant, e$
      if nextop$ = 1003 | tlchg_home, pbld, n$, *sg28ref, "X0.", "Y0.", protretinc, e$
      else, pbld, n$, protretinc, e$
      absinc$ = sav_absinc
      coolant$ = sav_coolant
      uninhibit_probe$
```

假设，要将返回参考点动作修改为 Z 轴先回参考点，接着 Y 轴回参考点，而 X 轴不回参考点。对于这种情况，可以这样修改代码：

将这两行语句：

```
pbld, n$, [if gcode$, sgfeed], sgabsinc, sgcode, *sg28ref, "Z0.", [if gcode$, feed], scoolant, e$
      if nextop$ = 1003 | tlchg_home, pbld, n$, *sg28ref, "X0.", "Y0.", protretinc, e$
```

修改为：

```
pbld, n$, [if gcode$, sgfeed], sgabsinc, sgcode, *sg28ref, "Z0.", [if gcode$, feed], scoolant, e$
      if nextop$ = 1003 | tlchg_home, pbld, n$, *sg28ref, "Y0.", protretinc, e$
```

修改后运行结果为：

```
%
O0000(T)
(DATE=DD-MM-YY - 10-09-18 TIME=HH:MM - 14:50)
(MCAM FILE - T)
(NC FILE - E:\DOCUMENTS\SHARED MCAM2019\MILL\NC\T.NC)
(MATERIAL - ALUMINUM MM - 2024)
( T219 |      10. FLAT ENDMILL | H219 )
N100 G21
N110 G0 G17 G40 G49 G80 G90
N120 M200
N130 T219 M6
```

N140 G0 G90 G54 X-35.387 Y53.007 A0. S3500 M3

N150 G43 H219 Z25.

……

N500 M5

N510 G91 G28 Z0.

N520 G28 Y0.

N530 M30

%

有时，为了加工安全，需要在程序头加上 Z 轴回参考点的代码。对于这种情况，只要在 psof$后处理块插入 Z 轴返回参考点处理代码，便可实现。代码片段如下：

```
psof$                    #Start of file for non-zero tool number
    probe_head$
    pcuttype
    toolchng = one
    if ntools$ = one,
        [
        #skip single tool outputs, stagetool must be on
        stagetool = m_one
        !next_tool$
        ]
    pbld, n$, *sg91, *sg28ref, "Z0.", e$
    pbld, n$, *smetric, e$
```

……

修改代码之后，后处理运行结果为：

%

O0000(T)

(DATE=DD-MM-YY - 10-09-18 TIME=HH:MM - 21:03)

(MCAM FILE - T)

(NC FILE - E:\DOCUMENTS\SHARED MCAM2019\MILL\NC\T.NC)

(MATERIAL - ALUMINUM MM - 2024)

(T20 | 10. DRILL | H20)

N100 G91 G28 Z0. （程序头增加回参考点代码）

N110 G21

N120 G0 G17 G40 G49 G80 G90

N160 T20 M6

N170 G0 G90 X0. Y0. A0. S1145 M3

N180 G43 H20 Z25.

N190 G99 G81 Z0. R25. F50.

N200 G80

N210 M5

N220 G91 G28 Z0.

N230 G28 Y0. A0.

N240 M30
%

8.7 本章小结

本章详细介绍了程序号、程序注释、圆弧输出格式、固定循环、切削液 M 代码和返回参考点的修改方法。本章内容旨在使读者掌握程序注释修改方法，掌握控制器定义中圆弧输出格式修改方法，掌握钻孔固定循环修改和定制的方法，理解辅助功能和切削液 M 代码的调整与修改方法，掌握返回参考点处理方法。

第 9 章

四轴加工中心后处理应用实例

内　容

本章将介绍四轴加工中心后处理应用实例。通过实例详细介绍四轴旋转轴参数、旋转轴进给方式设置方法、多个加工坐标系输出应用技巧，以及西门子系统专用刀具文件处理方法。

目　的

通过本章学习使读者掌握如何设置旋转轴参数，掌握如何设置合理的进给方式，掌握多个加工坐标系输出应用技巧，掌握缓冲文件的应用技巧。

9.1　四轴旋转轴参数设置

四轴加工中心运动轴由三个线性轴和一个旋转轴组成，其中的旋转轴也称为第四轴。在四轴机床中，通常把绕 X 轴旋转的旋转轴称为 A 轴，绕 Y 轴旋转的旋转轴称为 B 轴，绕 Z 轴旋转的旋转轴称为 C 轴。旋转轴的参数可通过图 9-1 所示的"机床定义管理"对话框进行设置，也可以直接在 PST 文件中修改。

1. 对话框设置旋转轴

在 Mastercam 2019 中，设置旋转轴参数可通过以下步骤进行：

● 访问"机床定义管理"对话框；

● 在"机床定义管理"对话框中，展开"机床配置"功能区域的树形列表；

● 从树形列表中选择"A Axis"，弹出图 9-2 所示的"机床组件管理-旋转轴"对话框。

下面对"机床组件管理-旋转轴"对话框中的参数进行说明：

1)"机床坐标"选项用来设置第四轴的指令字，可以设置绝对坐标和增量坐标指令字。

2)"方向"选项可以设置第四轴的旋转方向，有"顺时针"和"逆时针"两个选项。

3)"旋转中心"数据输入栏通常设置为 X0 Y0 Z0。

4)"旋转轴"选项，有 X+、X–、Y+、Y–、Z+、Z–六种方式可选，如 A 轴可定义为绕 X+旋转。

5)"行程限制"数据输入栏用于限制旋转轴的行程，可设置为–9999999～+9999999。

图 9-1 "机床定义管理"对话框

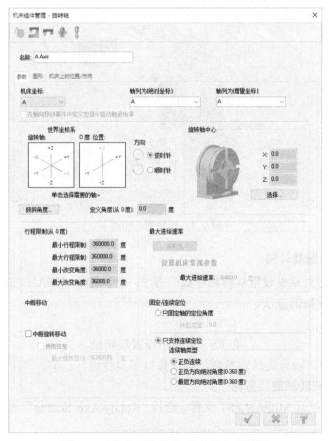

图 9-2 "机床组件管理-旋转轴"对话框

6）"连续轴类型"选项用来设置连续类型，有正负连续、正负方向绝对角度（0°～360°）、最短方向绝对角度（0°～360°）三种方式。

7）"正负连续"表示旋转轴可执行的行程范围为–9999999～+9999999。

8）"正负方向绝对角度（0°～360°）"表示旋转轴可执行的行程范围为0～359.999999。当旋转过程中发生换向时，NC指令需要指定正负符号，当符号为负时表示朝负方向旋转，当符号为正时表示朝正方向旋转。

9）"最短方向绝对角度（0°～360°）"表示旋转轴可执行的行程范围为0～359.999999，旋转轴始终按照最短路径旋转。该选项输出的NC指令无正负符号。

实例 9–1

旋转轴参数设置

一台四轴机床，其机床结构和旋转轴的正方向如图9-3所示。假设它的连续轴类型为最短方向绝对角度（0°～360°），则旋转轴参数可以设置为：

"机床坐标"：绝对坐标和增量坐标指令字设为"A"；

"旋转轴"：X+；

"方向"：逆时针；

"旋转中心"：X0 Y0 Z0;

"连续轴类型"：最短方向绝对角度（0°～360°）。

图 9-3　四轴加工中心

---

2. PST 文件设置旋转轴

前面介绍了通过对话框设置旋转轴参数的方法，接下来以 MPFAN.PST 为例，介绍在 PST 文件中修改旋转轴参数的方法。

实例 9–2

在 PST 文件中设置旋转轴

在 PST 文件中，设置旋转轴参数，可以按以下步骤进行：

步骤 1　设置旋转轴旋转方向

用文本编辑器打开 MPFAN.PST 文件，查找"Rotary Axis Setting"，找到以下代码片段：

```
# --------------------------------------------------------------------
# Rotary Axis Settings
```

```
# --------------------------------------------------------------------
read_md        : no$        #Set rotary axis switches by reading Machine Definition?
vmc            : 1          #SET_BY_MD 0 = Horizontal Machine, 1 = Vertical Mill
rot_on_x       : 1          #SET_BY_MD Default Rotary Axis Orientation
                            #0 = Off, 1 = About X, 2 = About Y, 3 = About Z
rot_ccw_pos    : 0          #SET_BY_MD Axis signed dir, 0 = CW positive, 1 = CCW positive
index          : 0          #SET_BY_MD Use index positioning, 0 = Full Rotary, 1 = Index only
ctable         : 5          #SET_BY_MD Degrees for each index step with indexing spindle
```

以上代码中，read_md、rot_on_x、rot_ccw_pos 变量的作用是：

● read_md 变量用来设置是否读取机床定义中的数据。

● rot_on_x 变量用来设置旋转轴放置方向。数值等于 0 表示关闭第四轴，数值等于 1 表示绕 X 轴旋转，等于 2 表示绕 Y 轴旋转，等于 3 表示绕 Z 轴旋转。

● rot_ccw_pos 变量作用是设置旋转方向，数值等于 0 表示旋转方向为顺时针，等于 1 表示旋转轴旋转方向为逆时针。

步骤 2 设置连续轴的类型

使用文本编辑器查找"rot_type"变量，找到以下代码片段：

```
maxfrinv_m     : 99.99      #SET_BY_MD Maximum feedrate - inverse time
frc_cinit      : yes$       #Force C axis reset at toolchange
ctol           : 225        #Tolerance in deg. before rev flag changes
ixtol          : 0.01       #Tolerance in deg. for index error
frdegstp       : 10         #Step limit for rotary feed in deg/min
rot_type       : 1          #SET_BY_MD Rotary type - 0=signed continuous,
                            1=signed absolute, 2=shortest direction
force_index    : no$        #Force rotary output to index mode when tool plane positioning with a full rotary
```

上述代码中，"rot_type"变量用来设置连续轴类型。数值等于 0 表示连续轴的类型为"正负连续"，等于 1 表示连续轴的类型为"正负方向绝对角度（0°～360°）"，等于 2 表示连续轴的类型为"最短方向绝对角度（0°～360°）"。

步骤 3 设置旋转轴指令字

用文本编辑器查"Rotary Axis Label options"字符串，找到下面的代码片段：

```
#Rotary Axis Label options
use_md_rot_label : no$      #Use rotary axis label from machine def
srot_x         : "A"        # rotating about X axis - used when use_md_rot_label = no
srot_y         : "B"        # rotating about Y axis - used when use_md_rot_label = no
srot_z         : "C"        # rotating about Z axis - used when use_md_rot_label = no
sminus         : "-"        #Address for the rotary axis (signed motion)
```

在上述代码中，一些变量所表示的含义是：

● use_md_rot_label 表示是否启用机床定义中设置的旋转轴指令字。变量值为 yes$ 表示启用，为 no$ 表示不启用，即采用 PST 文件中定义的旋转轴指令字。

● srot_x 变量用来定义绕 X 轴旋转的旋转轴指令字，一般值为"A"。

● srot_y 变量用来定义绕 Y 轴旋转的旋转轴指令字，一般值为"B"。

● srot_z 变量用来定义绕 Z 轴旋转的旋转轴指令字，一般值为"C"。

9.2 四轴旋转轴进给方式设置

四轴加工是利用线性轴和旋转轴的合成运动来实现切削加工,所以不同回转半径刀具的进给速度是不同的。有些四轴机床,在连续加工过程中,如果程序段共用一个相同的进给速度,反而会使实际进给速度不平稳,因此只有对每个程序段设置各自所需的进给速度,才有可能保证进给速度平稳。

四轴进给方式可通过"机床控制器定义"对话框来设置,具体操作步骤如下:

步骤 1 访问"控制器定义"对话框

- 选择"机床"选项卡;
- 在"机床设置"组别中选择"机床定义";
- 单击确定图标,忽略警告进入"机床定义管理"对话框;
- 在"机床定义管理"对话框中,单击"控制器定义"图标访问控制器定义。

步骤 2 选择"进给速率"选项

- 在"控制器定义"对话框左侧的"控制器选项"树形列表中选择"进给速率"选项;
- 在更新的页面中找到"四轴进给选项"。

步骤 3 如图 9-4 所示,在"四轴进给选项"中修改

- 线性轴的进给方式可选择"单位/分钟"或"使用反转";
- 旋转轴的进给方式可选择"单位/分钟"、"度/分钟"或"使用反转"。

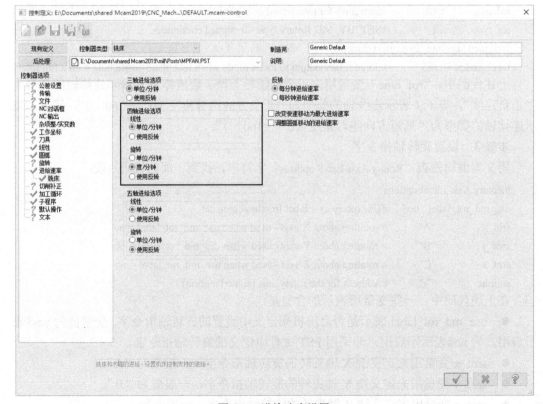

图 9-4 进给速度设置

1）"单位/分钟"表示线性轴或旋转轴按照每分钟多少毫米的速度进给。

2）"度/分钟"表示旋转轴按照每分钟多少度的速度进给。

3）"使用反转"表示线性轴或旋转轴按照时间的反比值的速度进给。四轴联动加工可采用反比时间进给，这样在联动插补时可以使线性轴和旋转轴同时到达插补点，从而保证进给速度平稳。

9.3 多个加工坐标系输出应用技巧

四轴卧式加工，在多工位加工时，为了方便装夹及消除回转中心带来的误差，通常每个工位都会建立一个独立的加工坐标系。当一个工位的加工任务完成后到下一个工位准备加工时，便会采用新的加工坐标系继续加工，这种加工方法也称定面加工。定面加工编程时，工作坐标系一般设置为"俯视图"，刀具平面和绘图平面一般设置为加工平面，这样后处理生成的 NC 代码就会包含多个加工坐标系。例如，下面的 NC 程序加工坐标系就有 G54 和 G55 两个加工坐标系：

```
%
O0000(TABLE)
(DATE=DD-MM-YY - 18-09-18 TIME=HH:MM - 23:08)
(NC FILE - E:\DOCUMENTS\SHARED MCAM2019\MILL\NC\TABLE.NC)
(MATERIAL - ALUMINUM MM - 2024)
( T1 | | H1 )
N100 G91 G28 Z0.
N102 G21
N104 G0 G17 G40 G49 G80 G90
N106 T1 M6
N108 G0 G90 G54 X-2.544 Y-33.407 B0. S5968 M3
……
N130 M5
N132 G91 G28 Z0.
N134 B0.
N136 M01
N138 T1 M6
N140 G0 G90 G55 X-6.757 Y-75. B-315. S5968 M3
N142 G43 H1 Z173.13
N144 Z103.13
N146 G1 Z64.797 F500.
N148 G2 X20.963 Y-47.28 I27.72 J0. F238.7
……
N178 M5
N180 G91 G28 Z0.
N182 B0.
N184 M01
%
```

如图 9-5 所示，加工坐标系的编号，可以手动指定，也可以自动产生。在 MPFAN 后处理中，当输入的加工坐标系编号是 0~5 时，输出的 NC 代码为 G54~G59；当输入的编号是 6~48 时，输出的 NC 代码是 G54.1 P1~P48。

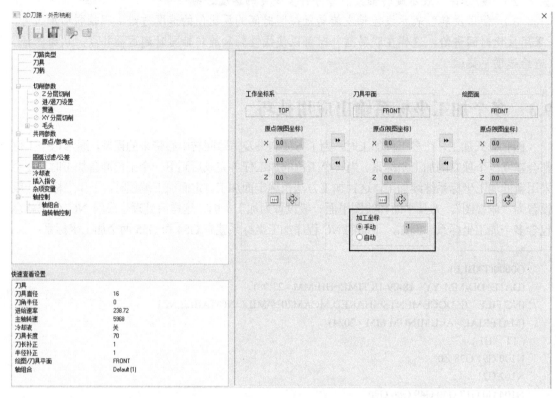

图 9-5　加工坐标系编号

前面介绍的编程方法是基础，只有编程参数都设置正确了，才能让后处理生成多个加工坐标系。下面以 MPFAN 为模板修改后处理代码，使输出的加工坐标系的指令格式能和西门子系统的指令格式相匹配。

实例 9-3

西门子系统加工坐标系修改

使用文本编辑器查找"pwcs"后处理块，找到以下代码片段：

```
#region Work offsets, gear selection
pwcs                #G54+ coordinate setting at toolchange
      if mi1$ > one,
        [
        sav_frc_wcs = force_wcs
        if sub_level$ > 0, force_wcs = zero
        if workofs$ <> prv_workofs$ | (force_wcs & toolchng),
          [
          if workofs$ < 6,
            [
```

```
            g_wcs = workofs$ + 54
            *g_wcs
            ]
        else,
            [
            p_wcs = workofs$ - five
            "G54.1", *p_wcs
            ]
        ]
    force_wcs = sav_frc_wcs
    !workofs$
    ]
```

将代码修改为：

```
#region Work offsets, gear selection
pwcs                    #G54+ coordinate setting at toolchange
    if mi1$ > one,
        [
        sav_frc_wcs = force_wcs
        if sub_level$ > 0, force_wcs = zero
        if workofs$ <> prv_workofs$ | (force_wcs & toolchng),
            [
            if workofs$ < 5,
                [
                if workofs$<2,   g_wcs=54
                else,   g_wcs = workofs$ + 53
                *g_wcs
                ]
            else,
                [
                g_wcs = workofs$ + 500
                 *g_wcs
                ]
            ]
        force_wcs = sav_frc_wcs
        !workofs$
        ]
```

上述代码修改后，当 workofs$的数值为 0～1 时输出 G54，当 workofs$的数值为 2～4 时输出 G55～G57，当 workofs$的数值为 5～99 时输出 G505～G599。

9.4　西门子系统专用刀具文件处理

卧式加工中心主要加工对象是箱体类、壳体类零件。这类零件加工任务复杂，通常要多个面进行铣、镗、钻、扩、铰、攻螺纹等多道工序加工，甚至可能还需要车削加工。因此，卧式加工中心所使用的刀具类型较多，刀具数量也较大。这样，在手动建立数控系统的刀具信息时，工作量也是相对较大的。有细心的读者会问，是否有更好的办法来减轻手动输入的工作量呢？其实，利用后处理自动生成专用刀具文件，可以帮助我们解决这个问题。接下来，就以西门子 SINUMERIK 840D sl 数控系统应用为例，介绍如何利用 MP 自动生成西门子系统专用刀具文件。

1. 西门子系统刀具文件

西门子系统刀具文件是西门子数控系统中描述刀号、刀具类型、库位号、刀具补偿等刀具信息的数据文件。文件可以使用记事本打开编辑，其内容如图 9-6 所示。

```
;TOOL MAGAZIN ZEROPOINT,VERSION=1.01,TYPE=GC,TOOL=1,
MAGAZIN=1,NPV=0,BNPV=0,CHAN=1"IS_METRIC"=1,
"IS_OPT_DNO"=0,IS_CREATE_TOOL_T_NR=0
CHANDATA(1)
$TC_TP1[1]=1
$TC_TP2[1]="20-D10DRILL"
$TC_TP3[1]=1
$TC_TP4[1]=1
$TC_TP5[1]=1
$TC_TP6[1]=1
$TC_TP7[1]=1
$TC_TP8[1]=2
$TC_TP9[1]=0
$TC_TP10[1]=0
$TC_TP11[1]=0
;$A_TOOLMN[1]=0
;$A_TOOLMLN[1]=0
;$P_TOOLND[1]=1
;$A_MYMN[1]=0
;$A_MYMLN[1]=0
$TC_TP_PROTA[1]=""
$TC_TP_MAX_VELO[1]=0.000
$TC_TP_MAX_ACC[1]=0.000
;$A_TOOLMTN[1]=0
;$A_TOOLMTLN[1]=0
;$A_MYMTN[1]=0
;$A_MYMTLN[1]=0
$TC_DP1[1,1]=200
$TC_DP2[1,1]=9.000
$TC_DP3[1,1]=0.000
$TC_DP4[1,1]=0.000
$TC_DP5[1,1]=0.000
$TC_DP6[1,1]=5.000
$TC_DP7[1,1]=0.000
$TC_DP8[1,1]=0.000
$TC_DP9[1,1]=0.000
```

图 9-6　西门子系统刀具文件内容

144

```
$TC_DP10[1,1]=0.000
$TC_DP11[1,1]=0.000
$TC_DP12[1,1]=0.000
$TC_DP13[1,1]=0.000
$TC_DP14[1,1]=0.000
$TC_DP15[1,1]=0.000
$TC_DP16[1,1]=0.000
$TC_DP17[1,1]=0.000
$TC_DP18[1,1]=0.000
$TC_DP19[1,1]=0.000
$TC_DP20[1,1]=0.000
$TC_DP21[1,1]=0.000
$TC_DP22[1,1]=0.000
$TC_DP23[1,1]=0.000
$TC_DP24[1,1]=0.000
$TC_DP25[1,1]=250.000
$TC_DPH[1,1]=0
$TC_DPV[1,1]=0
$TC_DPV3[1,1]=0.000
$TC_DPV4[1,1]=0.000
$TC_DPV5[1,1]=0.000
$TC_DPVN3[1,1]=0.000
$TC_DPVN4[1,1]=0.000
$TC_DPVN5[1,1]=0.000
$TC_DPNT[1,1]=0.000
$TC_MOP1[1,1]=0.000
$TC_MOP2[1,1]=0.000
$TC_MOP3[1,1]=0.000
$TC_MOP4[1,1]=0.000
$TC_MOP5[1,1]=0.000
$TC_MOP6[1,1]=0.000
$TC_MOP11[1,1]=0.000
$TC_MOP13[1,1]=0.000
$TC_MOP15[1,1]=0.000
M30
```

图 9-6 西门子系统刀具文件内容（续）

从上面的内容中，可以看出西门子系统刀具文件的内容是由特殊格式的文件头、描述刀具信息语句和 M30 三部分组成的。如果想让后处理自动生成这种格式的文件，就必须先理解文件的内容和含义。为了便于读者理解，下面解释一下刀具文件中主要标识符的含义：

$TC_TP2 表示刀具名称；

$TC_DP1 表示刀具类型；

$TC_DP3 表示刀具长度；

$TC_DP6 表示刀具半径；

$TC_DP7 表示刀具圆角半径；

$TC_DP9 表示螺纹刀具的螺距；

$TC_DP11 表示锥度刀具的锥度；

$TC_DP24 表示钻头的刀尖角度；

$TC_DP25 表示刀具的切削速度；

$TC_DPNT 表示刀具的刃数。

2. 利用后处理生成西门子系统刀具文件

实例 9-4

生成西门子系统刀具文件

【解题思路】利用缓冲文件功能，导出编程操作中的刀具信息，并使输出的刀具信息
符合西门子数控系统刀具文件格式要求。

编写程序：

[POST_VERSION] #DO NOT MOVE OR ALTER THIS LINE# V21.00 P0 E1 W21.00 T1505932387
M21.00 I0 O1

#代码源文件:源代码/第 9 章/9.4 西门子系统专用刀具文件处理/siemens tooldata.pst

```
sncpost_revision       := "21.82" #内部版本号
scustpost_revision     := "0"      #修订编号
toolinfo_fmt   : 1                 #0 表示不输出西门子刀具功能， 1 表示输出
# ------------------------------------------------------------------------
# 数值格式声明 - n=nonmodal, l=leading, t=trailing, i=inc, d=delta
# ------------------------------------------------------------------------
#Default english/metric position format statements
fs2 1    0^7 0^6           #Decimal, absolute, 7 place, default for initialize (:)
fs2 2    1.4 1.3l          #Decimal, absolute, 4/3 place
fs2 3    1.4 1.3ld         #Decimal, delta, 4/3 place
fs2 4    1 0 1 0           #Integer, not leading
fs2 5    2 0 2 0l          #Integer, force two leading
fs2 6    3 0 3 0l          #Integer, force three leading
fs2 7    4 0 4 0l          #Integer, force four leading
fs2 8    5 0 5 0l          #Integer, force five leading
fs2 9    0.1 0.1           #Decimal, absolute, 1 place
fs2 10   1^2 1^2l          #Decimal, absolute, 2 place
fs2 11   0.3 0.3           #Decimal, absolute, 3 place
fs2 12   1.4 1.4l          #Decimal, absolute, 4 place
fs2 13   0.5 0.5           #Decimal, absolute, 5 place
#fs2 14   0^3 0^3d         #Decimal, delta, 3 place
fs2 14   0.3 0.3d          #Decimal, delta, 3 place
fs2 15   0^2 0^1           #Decimal, absolute, 2/1 place
fs2 16   1 0 1 0n          #Integer, forced output
fs   17  1.4lt             #Decimal, absolute, four trailing
fs2 18   0^1 0^1           #Decimal,
fs2 19   1.4 1.4l          #Decimal,
fs2 20   1^4 1^3l          #Decimal, absolute, 4/3 place
fs2 21   1.4 1.3ld         #Decimal, delta, 4/3 place
fs2 22   1.3 1.3lt
# ------------------------------------------------------------------------
```

```
#定义缓冲文件 6
#-------------------------------------------------------------------------
rc6        : 1
wc6        : 1
size6      : 0
sbufname6$:"tools.ini"
fbuf 6 1 256 0 1
# -------------------------------------------------------------------------
#定义变量
# -------------------------------------------------------------------------
result:0
stname:""
steqname:""
stname1:""
snull:""
stno:""
siemtasc34:""
stdiam:""
stradius:""
stlen:""
stcr:""
stcr_1:""
sttap:""
str_110:""
str_111:""
str_112:""
str_113:""
str_114:""
str_carray:""
stdiam_2:""
stcr_2:""
stradius_2:""
count6:0
timesused:0
tdiam:0
tdiam2:0
tradius:0
tcr_1:0
tdiam_2:0
tcr_2:0
tradius_2:0
fmt "" 10 tdiam
fmt "" 10 tcr_1
```

```
        fmt "" 10 tradius
        fmt "" 22 tdiam_2
        fmt "" 22 tdiam2
        fmt "" 22 tcr_2
        fmt "" 22 tradius_2
        fmt "" 22 tpitch
        fmt "" 22 tipang
        fmt "" 22 tcutlen
        tcount:0
        tparm_crtyp:0    #0 表示端铣刀, 1 表示圆鼻刀, 2 表示球刀
        tparm_cnr:0
        tparm_pitch:0
        tpitch:0
        tparm_tipangle:0
        tipang:0
        tparm_flutes:0
        tparm_holderlen:0
        tparm_extlen:0
        tparm_ttyp:0
        tparm_diam:0
        tparm_diam2:0
        tcutlen:0
        tparm_cutlen:0
        stpitch:""
        stdiam2:""
        stipang:""
        scutlen:""
        seimwrts1:";TOOL MAGAZIN ZEROPOINT,VERSION=1.01,TYPE=GC,TOOL=1,
        MAGAZIN=1,NPV=0,BNPV=0,CHAN=1 "
        seimwrts2:"'IS_METRIC'"
        seimwrts3:"=1,"
        seimwrts4:"'IS_OPT_DNO'"
        seimwrts5:"=0,IS_CREATE_TOOL_T_NR=0"
        seimwrts6:"CHANDATA(1)"
        seimwrts7:"M30"
        seimwrts0:""
        #-------------------------------------------------------------------
        #定义数据表 5, 用来记录刀具的使用次数
        #-------------------------------------------------------------------
        flktbl 5    50
            0    1
            0    2
            0    3
```

```
0    4
0    5
0    6
0    7
0    8
0    9
0    10
0    11
0    12
0    13
0    14
0    15
0    16
0    17
0    18
0    19
0    20
0    21
0    22
0    23
0    24
0    25
0    26
0    27
0    28
0    29
0    30
0    31
0    32
0    33
0    34
0    35
0    36
0    37
0    38
0    39
0    40
0    41
0    42
0    43
0    44
0    45
0    46
```

```
         0      47
         0      48
         0      49
         0      50
#-----------------------------------------------------------------------
#刀具文件变量
#-----------------------------------------------------------------------
siemt1    :"$TC_TP1[1]=1"
siemt2    :"$TC_TP2[1]="          #刀具名称
siemt3    :"$TC_TP3[1]=1"
siemt4    :"$TC_TP4[1]=1"
siemt5    :"$TC_TP5[1]=1"
siemt6    :"$TC_TP6[1]=1"
siemt7    :"$TC_TP7[1]=1"
siemt8    :"$TC_TP8[1]=2"
siemt9    :"$TC_TP9[1]=0"
siemt10 :"$TC_TP10[1]=0"
siemt11 :"$TC_TP11[1]=0"
siemt12 :";$A_TOOLMN[1]=0"
siemt13 :";$A_TOOLMLN[1]=0"
siemt14 :";$P_TOOLND[1]=1"
siemt15 :";$A_MYMN[1]=0"
siemt16 :";$A_MYMLN[1]=0"
siemt17 :"$TC_TP_PROTA[1]="
siemt18 :"$TC_TP_MAX_VELO[1]=0.000"
siemt19 :"$TC_TP_MAX_ACC[1]=0.000"
siemt20 :";$A_TOOLMTN[1]=0"
siemt21 :";$A_TOOLMTLN[1]=0"
siemt22 :";$A_MYMTN[1]=0"
siemt23 :";$A_MYMTLN[1]=0"
siemt24 :"$TC_DP1[1,1]="          #刀具类型
siemt25 :"$TC_DP2[1,1]=9.000"
siemt26 :"$TC_DP3[1,1]=0.000"     #刀具长度
siemt27 :"$TC_DP4[1,1]=0.000"
siemt28 :"$TC_DP5[1,1]=0.000"
siemt29 :"$TC_DP6[1,1]="          #刀具半径
siemt30 :"$TC_DP7[1,1]="          #圆角半径
siemt31 :"$TC_DP8[1,1]=0.000"
siemt32 :"$TC_DP9[1,1]="          #螺距
siemt33 :"$TC_DP10[1,1]=0.000"
siemt34 :"$TC_DP11[1,1]="         #锥度角
siemt35 :"$TC_DP12[1,1]=0.000"
siemt36 :"$TC_DP13[1,1]=0.000"
```

siemt37 :"$TC_DP14[1,1]=0.000"

siemt38 :"$TC_DP15[1,1]=0.000"

siemt39 :"$TC_DP16[1,1]=0.000"

siemt40 :"$TC_DP17[1,1]=0.000"

siemt41 :"$TC_DP18[1,1]=0.000"

siemt42 :"$TC_DP19[1,1]=0.000"

siemt43 :"$TC_DP20[1,1]=0.000"

siemt44 :"$TC_DP21[1,1]=0.000"

siemt45 :"$TC_DP22[1,1]=0.000"

siemt46 :"$TC_DP23[1,1]=0.000"

siemt47 :"$TC_DP24[1,1]="   #刀具角度

siemt48 :"$TC_DP25[1,1]=250.000"   #切削速度

siemt49 :"$TC_DPH[1,1]=0"

siemt50 :"$TC_DPV[1,1]=0"

siemt51 :"$TC_DPV3[1,1]=0.000"

siemt52 :"$TC_DPV4[1,1]=0.000"

siemt53 :"$TC_DPV5[1,1]=0.000"

siemt54 :"$TC_DPVN3[1,1]=0.000"

siemt55 :"$TC_DPVN4[1,1]=0.000"

siemt56 :"$TC_DPVN5[1,1]=0.000"

siemt57 :"$TC_DPNT[1,1]=0.000"   #刃数

siemt58 :"$TC_MOP1[1,1]=0.000"

siemt59 :"$TC_MOP2[1,1]=0.000"

siemt60 :"$TC_MOP3[1,1]=0.000"

siemt61 :"$TC_MOP4[1,1]=0.000"

siemt62 :"$TC_MOP5[1,1]=0.000"

siemt63 :"$TC_MOP6[1,1]=0.000"

siemt64 :"$TC_MOP11[1,1]=0.000"

siemt65 :"$TC_MOP13[1,1]=0.000"

siemt66 :"$TC_MOP15[1,1]=0.000"

siemt:""

fstrsel siemt1 count6 siemt 66 -1

#0-flat 1=bullnose 2=spherical tparm_crtyp

scrtyp01:"FLAT"

scrtyp02:"BULLNOSE"

scrtyp03:"SPHERICAL"

scrtyp:""

fstrsel scrtyp01 tparm_crtyp scrtyp 3 -1

#---

#Mastercam 刀具名称数据表，由 tooltyp$的数值查询刀具名称

#---

flktbl   4   23

          ""   1   #CENTER DRILL

```
                    "SPOT DRILL"        2
                    "DRILL"             3
                    "RH TAP"            4
                    "LH TAP"            5
                    "REAMER"            6
                    "BORE BAR"          7
                    ""                  8           #COUNTEBORE
                    ""                  9           #COUNTERSINK
                    "END MILL"          10
                    "BALL MILL"         11
                    ""                  12          #CHAMFER MILL
                    "FACE MILL"         13
                    "SLOT MILL"         14
                    ""                  15          #RADIUS MILL
                    ""                  16          #DOVE MILL
                    "TAPER MILL"        17
                    ""                  18          #LOLLIPOP MILL
                    "BULL MILL"         19
                    ""                  21          #ENGRAVE TOOL
                    ""                  22          #BRADPOINT DRILL
                    "THREAD MILL"       24
                    ""                  25          #BARREL MILL
#-------------------------------------------------------------------
#西门子刀具文件处理块开始行
#-------------------------------------------------------------------
pwrtools                                            #主要调用块
    timesused=finc(5,t$)
    #~timesused,pe
    if t$>50,result = mprint("tool number exceeds the maximum limit",2),exitpost$
    stname1=flook(4,tool_typ$)
    if toolinfo_fmt=1 &timesused=1&stname1<>snull,tcount=tcount+1,psiemtlfmt
    #~tcount,pe,ptparmout #for debug output toolparm.

psiemtlfmt                                          #输出刀具文件
    pstrpp
    #~sbufname6$,pe #debug output buf6 file path
    count6=0
    while count6<66,
      [
      `siemt,pe
      psiem_array_pp
      str_114=wbuf(6,wc6)
      count6=count6+1
```

```
        ]
    prestsiemstr                                        #字符串重新初始化
psiem_array_pp
    #标识符矩阵处理
    #输入  siemt, str_carray ,tcount
    #输出  str_114
    `siemt,pe
    result=strstr("[",siemt)
    #~st_str_ix$,pe
    str_110=siemt,str_111=brksps (st_str_ix$, str_110)
    #~str_110,"+",~str_111,pe
    result=strstr("=",siemt)
    #~st_str_ix$,pe
    str_112=siemt,str_113=brksps (st_str_ix$, str_112)
    # ~str_112,"+",~str_113,pe
    str_carray=no2str(tcount)
    if count6<23, str_114=str_110+ "[" +   str_carray + "]" + str_113
    if count6>=23,str_114=str_110+ "[" +   str_carray + "," + "1" +"]" +str_113
    #~count6,~str_114,pe
pstrpp_initial                                           #初始化参数
    siemtasc34=no2asc(34)
    stno=no2str(t$)+"-"
    stname=flook(4,tool_typ$)
    tdiam=tldia$,stdiam="D"+no2str(tdiam)
    if tool_typ$=4|tool_typ$=5,stdiam="M"+no2str(tdiam)
    tradius=tdiam/2,stradius=no2str(tradius)
    tcr_1=tcr$,stcr="R"+no2str(tcr_1)
    tpitch=tparm_pitch,stpitch=no2str(tpitch)
    tipang=tparm_tipangle,stipang=no2str(tipang)
    tcutlen=tparm_cutlen,scutlen=no2str(tcutlen)
    tdiam2=tparm_diam2/2,stdiam2=no2str(tdiam2)#second diam.
    tdiam_2=tldia$,stdiam_2=no2str(tdiam_2)
    tcr_2=tcr$,stcr_2=no2str(tcr_2)
    tradius_2=tdiam/2, stradius_2=no2str(tradius_2)
    #for toolchange name
    if tcr$>0,steqname="T="+siemtasc34+stno+stdiam+stcr+stname+siemtasc34
    else,steqname="T="+siemtasc34+stno+stdiam+stname+siemtasc34
    if tool_typ$=17,steqname="T="+siemtasc34+stno+stdiam+stcr+stname+siemtasc34
pstrpp                                                   #各类型刀具信息处理
    if tool_typ$=10,                                     #端铣刀
    [
    pstrpp_initial
    siemt2 =siemt2+siemtasc34+stno+stdiam+stname+siemtasc34    #名称
```

```
siemt17=siemt17+siemtasc34+siemtasc34
siemt24= siemt24+ "120"                                    #类型
#siemt26= siemt26+ "0.000"                                 #长度
siemt29= siemt29+ stradius_2                               #半径
siemt30= siemt30+ "0.000"                                  #圆角半径
siemt32= siemt32+ "0.000"                                  #螺距
siemt34= siemt34+ "0.000"                                  #锥度角
siemt47= siemt47+ "0.000"                                  #刀尖角
#siemt48= siemt47+ "250.000"                               #切削速度
]
if tool_typ$=2,                                            #定位钻
[
pstrpp_initial
siemt2 =siemt2+siemtasc34+stno+stdiam+stname+siemtasc34 #名称
siemt17=siemt17+siemtasc34+siemtasc34
siemt24= siemt24+ "220"                                    #类型
#siemt26= siemt26+ "0.000"                                 #长度
siemt29= siemt29+ stradius_2                               #半径
siemt30= siemt30+ "0.000"                                  #圆角半径
siemt32= siemt32+ "0.000"                                  #螺距
siemt34= siemt34+ "0.000"                                  #锥度角
siemt47= siemt47+ stipang                                  #刀尖角
#siemt48= siemt47+ "250.000"                               #切削速度
]
if tool_typ$=3,                                            #钻头
[
pstrpp_initial
siemt2 =siemt2+siemtasc34+stno+stdiam+stname+siemtasc34 #名称
siemt17=siemt17+siemtasc34+siemtasc34
siemt24= siemt24+ "200"                                    #类型
#siemt26= siemt26+ "0.000"                                 #长度
siemt29= siemt29+ stradius_2                               #半径
siemt30= siemt30+ "0.000"                                  #圆角半径
siemt32= siemt32+ "0.000"                                  #螺距
siemt34= siemt34+ "0.000"                                  #锥度角
siemt47= siemt47+ stipang                                  #刀尖角
#siemt48= siemt47+ "250.000"                               #切削速度
]
if tool_typ$=4|tool_typ$=5,                                #丝锥
[
pstrpp_initial
siemt2 =siemt2+siemtasc34+stno+stdiam+stname+siemtasc34 #名称
siemt17=siemt17+siemtasc34+siemtasc34
```

```
siemt24= siemt24+ "240"                                           #类型
#siemt26= siemt26+ "0.000"                                        #长度
siemt29= siemt29+ stradius_2                                      #半径
siemt30= siemt30+ "0.000"                                         #圆角半径
siemt32= siemt32+ stpitch                                         #螺距
siemt34= siemt34+ "0.000"                                         #锥度角
siemt47= siemt47+ "0.000"                                         #刀尖角
#siemt48= siemt47+ "250.000"                                      #切削速度
]
if tool_typ$=6,                                                   #铰刀
[
pstrpp_initial
siemt2 =siemt2+siemtasc34+stno+stdiam+stname+siemtasc34 #名称
siemt17=siemt17+siemtasc34+siemtasc34
siemt24= siemt24+ "250"                                           #类型
#siemt26= siemt26+ "0.000"                                        #长度
siemt29= siemt29+ stradius_2                                      #半径
siemt30= siemt30+ "0.000"                                         #圆角半径
siemt32= siemt32+ "0.000"                                         #螺距
siemt34= siemt34+ "0.000"                                         #锥度角
siemt47= siemt47+ "0.000"                                         #刀尖角
#siemt48= siemt47+ "250.000"                                      #切削速度
]
if tool_typ$=7,                                                   #镗刀
[
pstrpp_initial
siemt2 =siemt2+siemtasc34+stno+stdiam+stname+siemtasc34 #名称
siemt17=siemt17+siemtasc34+siemtasc34
siemt24= siemt24+ "210"                                           #类型
#siemt26= siemt26+ "0.000"                                        #长度
siemt29= siemt29+ stradius_2                                      #半径
siemt30= siemt30+ "0.000"                                         #圆角半径
siemt32= siemt32+ "0.000"                                         #螺距
siemt34= siemt34+ "0.000"                                         #锥度角
siemt47= siemt47+ "0.000"                                         #刀尖角
#siemt48= siemt47+ "250.000"                                      #切削速度
]
if tool_typ$=11,                                                  #球刀
[
pstrpp_initial
siemt2 =siemt2+siemtasc34+stno+stdiam+stcr+stname+siemtasc34 #名称
siemt17=siemt17+siemtasc34+siemtasc34
siemt24= siemt24+ "110"                                           #类型
```

```
#siemt26= siemt26+ "0.000"                                    #长度
siemt29= siemt29+ stradius_2                                  #半径
siemt30= siemt30+ "0.000"                                     #圆角半径
siemt32= siemt32+ "0.000"                                     #螺距
siemt34= siemt34+ "0.000"                                     #锥度角
siemt47= siemt47+ "0.000"                                     #刀尖角
#siemt48= siemt47+ "250.000"                                  #切削速度
]
if tool_typ$=13,                                              #面铣刀
[
pstrpp_initial
if tparm_crtyp=0 & tipang<>0,
  [
siemt2 =siemt2+siemtasc34+stno+stdiam+stname+siemtasc34 #名称
siemt17=siemt17+siemtasc34+siemtasc34
siemt24= siemt24+ "140"                                       #类型
#siemt26= siemt26+ "0.000"                                    #长度
siemt29= siemt29+ stradius_2                                  #半径
siemt30= siemt30+ stdiam2                                     #圆角半径
siemt32= siemt32+ "0.000"                                     #螺距
siemt34= siemt34+ stipang                                     #锥度角
siemt47= siemt47+ "0.000"                                     #圆角半径
#siemt48= siemt47+ "250.000"                                  #切削速度
  ]
else,
  [
siemt2 =siemt2+siemtasc34+stno+stdiam+stname+siemtasc34 #名称
siemt17=siemt17+siemtasc34+siemtasc34
siemt24= siemt24+ "140"                                       #类型
#siemt26= siemt26+ "0.000"                                    #长度
siemt29= siemt29+ stradius_2                                  #半径
siemt30= siemt30+ "0.000"                                     #圆角半径
siemt32= siemt32+ "0.000"                                     #螺距
siemt34= siemt34+ "0.000"                                     #锥度角
siemt47= siemt47+ "0.000"                                     #刀尖角
#siemt48= siemt47+ "250.000"                                  #切削速度
  ]
]
if tool_typ$=14,                                              #槽铣刀
[
pstrpp_initial
siemt2 =siemt2+siemtasc34+stno+stdiam+stname+siemtasc34 #名称
siemt17=siemt17+siemtasc34+siemtasc34
```

```
siemt24= siemt24+ "151"                                      #类型
#siemt26= siemt26+ "0.000"                                   #长度
siemt29= siemt29+ stradius_2                                 #半径
siemt30= siemt30+ "0.000"                                    #圆角半径
siemt32= siemt32+ scutlen"                                   #螺距/宽度
siemt34= siemt34+ "0.000"                                    #锥度角
siemt47= siemt47+ "0.000"                                    #刀尖角
#siemt48= siemt47+ "250.000"                                 #切削速度
]
if tool_typ$=17,                                             #锥度铣刀
[
#0-flat 1=bullnose 2=spherical tparm_crtyp
if tparm_crtyp=0,                                            #平底
 [
pstrpp_initial
siemt2 =siemt2+siemtasc34+stno+stdiam+stcr+stname+siemtasc34 #名称
siemt17=siemt17+siemtasc34+siemtasc34
siemt24= siemt24+ "155"                                      #类型
#siemt26= siemt26+ "0.000"                                   #长度
siemt29= siemt29+ stradius_2                                 #半径
siemt30= siemt30+ "0.000"                                    #圆角半径
siemt32= siemt32+ "0.000"                                    #螺距
siemt34= siemt34+ stipang                                    #锥度角
siemt47= siemt47+ "0.000"                                    #刀尖角
#siemt48= siemt47+ "250.000"                                 #切削速度
 ]
if tparm_crtyp=1,                                            #圆鼻
 [
pstrpp_initial
siemt2 =siemt2+siemtasc34+stno+stdiam+stcr+stname+siemtasc34 #名称
siemt17=siemt17+siemtasc34+siemtasc34
siemt24= siemt24+ "156"                                      #类型
#siemt26= siemt26+ "0.000"                                   #长度
siemt29= siemt29+ stradius_2                                 #半径
siemt30= siemt30+ stcr_2                                     #圆角半径
siemt32= siemt32+ "0.000"                                    #螺距
siemt34= siemt34+ stipang                                    #锥度角
siemt47= siemt47+ "0.000"                                    #刀尖角
#siemt48= siemt47+ "250.000"                                 #切削速度
 ]
if tparm_crtyp=2,                                            #球头
 [
pstrpp_initial
```

```
        siemt2 =siemt2+siemtasc34+stno+stdiam+stcr+stname+siemtasc34 #名称
        siemt17=siemt17+siemtasc34+siemtasc34
        siemt24= siemt24+ "157"                              #类型
        #siemt26= siemt26+ "0.000"                           #长度
        siemt29= siemt29+ stradius_2                         #半径
        siemt30= siemt30+ "0.000"                            #圆角半径
        siemt32= siemt32+ "0.000"                            #螺距
        siemt34= siemt34+ stipang                            #锥度角
        siemt47= siemt47+ "0.000"                            #刀尖角
        #siemt48= siemt47+ "250.000"                         #切削速度
          ]
        ]
        if tool_typ$=19,                                     #圆鼻铣刀
        [
        pstrpp_initial
        siemt2 =siemt2+siemtasc34+stno+stdiam+stcr+stname+siemtasc34        #名称
        siemt24= siemt24+ "121"                              #类型
        siemt17=siemt17+siemtasc34+siemtasc34
        #siemt26= siemt26+ "0.000"                           #长度
        siemt29= siemt29+ stradius_2                         #半径
        siemt30= siemt30+ stcr_2                             #圆角半径
        siemt32= siemt32+ "0.000"                            #螺距
        siemt34= siemt34+ "0.000"                            #锥度角
        siemt47= siemt47+ "0.000"                            #刀尖角
        #siemt48= siemt47+ "250.000"                         #切削速度
        ]
        if tool_typ$=24,                                     #螺纹铣刀
        [
        pstrpp_initial
        siemt2 =siemt2+siemtasc34+stno+stdiam+stname+siemtasc34 #名称
        siemt17=siemt17+siemtasc34+siemtasc34
        siemt24= siemt24+ "145"                              #类型
        #siemt26= siemt26+ "0.000"                           #长度
        siemt29= siemt29+ stradius_2                         #半径
        siemt30= siemt30+ "0.000"                            #圆角半径
        siemt32= siemt32+ "0.000"                            #螺距
        siemt34= siemt34+ "0.000"                            #锥度角
        siemt47= siemt47+ "0.000"                            #刀尖角
        #siemt48= siemt47+ "250.000"                         #切削速度
        ]
   prestsiemstr #rest siem_ string to initial
        siemt2 ="$TC_TP2[1]="                                #名称
        siemt17 ="$TC_TP_PROTA[1]="
```

```
    siemt24 ="$TC_DP1[1,1]="                              #类型
    siemt26 ="$TC_DP3[1,1]=0.000"                         #长度
    siemt29 ="$TC_DP6[1,1]="                              #半径
    siemt30 ="$TC_DP7[1,1]="                              #圆角半径
    siemt32 ="$TC_DP9[1,1]="                              #螺距
    siemt34 ="$TC_DP11[1,1]="                             #锥度角
    siemt47 ="$TC_DP24[1,1]="                             #刀尖角
    siemt48 ="$TC_DP25[1,1]=250.000"                      #切削速度
    siemt57 ="$TC_DPNT[1,1]=0.000"                        #刃数
#-------------------------------------------------------------------------
#西门子系统刀具文件处理块结束行
#-------------------------------------------------------------------------
pe                                                        #自定义换行块
    e$
pq$                                                       #准备后处理块
    sbufname6$=spathpst$+sbufname6$
ptlchg$                                                   #刀具交换后处理块
    pwrtools                                              #调用西门子系统刀具文件处理块
psof$                                                     #程序开始
    pwrtools                                              #调用西门子系统刀具文件处理块
pheader$                                                  #文件头
    seimwrts0=seimwrts1+siemtasc34+seimwrts2+siemtasc34+seimwrts3+
    siemtasc34+seimwrts4+siemtasc34+seimwrts5
    seimwrts0=wbuf(6,wc6)
    seimwrts6=wbuf(6,wc6)
peof$                                                     #文件结束
    seimwrts7=wbuf(6,wc6)
```
运行结果：如图 9-6 所示。

9.5　本章小结

　　本章介绍了四轴加工中心旋转轴参数、旋转轴进给方式设置方法，也介绍了多个加工坐标系输出应用技巧，最后通过综合实例详细地介绍了西门子系统专用刀具文件处理方法。本章内容旨在使读者掌握如何设置旋转轴参数，掌握如何设置合理的进给方式，掌握多个加工坐标系输出应用技巧，掌握缓冲文件应用技巧。

第10章

五轴加工中心后处理应用实例

内 容

本章将介绍五轴加工中心后处理应用实例。通过实例详细介绍五轴机床类型、旋转轴参数、旋转中心偏置、刀具长度补偿的设置方法，以及矢量格式五轴程序的处理方法。

目 的

通过本章学习使读者掌握五轴机床类型、旋转轴参数的正确设置方法，掌握不带 RTCP 机床旋转中心偏置和刀具长度补偿的设置方法，理解矢量格式五轴程序的处理方法。

10.1 五轴机床类型设置

五轴机床，一般指具有五个运动轴并且能同时联动加工的机床。五轴机床的运动轴，一般由 X、Y、Z 三个线性轴和 A、B、C 中任意两个旋转轴组成。由于引入了两个旋转轴，所以五轴机床可以加工三轴机床难以加工或者一次装夹不能加工完成的零件。

1. 五轴机床类型

五轴机床的类型很多，按照旋转轴的分布形式，可分为双转台、双摆头、摆头加转台三大基本类型。除了这三种基本类型外，还有正交和非正交的区别。正交结构容易理解，即两个旋转轴都是绕着标准笛卡儿坐标系旋转。非正交结构的两个旋转轴所绕的轴线在空间上不正交，一般呈 45°夹角，有转台非正交结构，也有摆头非正交结构。

（1）双转台　双转台五轴也称摇篮五轴，结构如图 10-1 所示，加工时通过工作台的回转和倾斜，间接实现刀轴的旋转和倾斜运动。这种结构的五轴机床具有刚性好、加工精度高、倾斜轴行程大等优点。由于受其物理结构和工作台尺寸的限制，这类五轴机床主要用于加工体积较小的零件，如增压器叶轮、螺旋锥齿轮、盘状类小型难加工复杂零件。

（2）双摆头　双摆头五轴，结构如图 10-2 所示，加工过程中工作台始终保持静止不动，通过主轴头的旋转和倾斜，直接实现刀轴的旋转和倾斜运动。这种结构五轴机床的主轴刚性要差些，重切削能力也相对弱些。另外，这种结构机床的回转轴由于受到物理结构的限制，行程范围一般不超过±360°。尽管如此，双摆头机床也有它独特的应用，这类五轴机床适合加工体积较大、重量较大的大型工件，如汽车覆盖件模具、飞机大型结构件等。

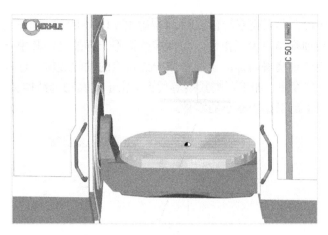

图 10-1　双转台五轴

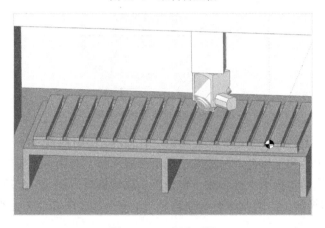

图 10-2　双摆头五轴

（3）摆头加转台　摆头加转台五轴，结构如图 10-3 所示，加工时通过工作台的旋转和主轴头的摆动，实现刀轴的直接或间接旋转运动。例如，带 B 轴的车铣复合机床就是这种典型结构。这种结构由于主轴上摆动轴只有一个，所以机床的刚性要比双摆头机床好些。这类五轴机床适合加工回转类工件，如大型转子、曲轴、飞机起落架等。

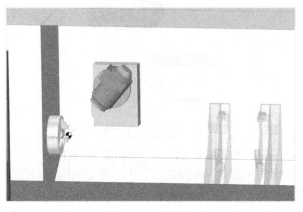

图 10-3　摆头加转台五轴

（4）非正交双转台　非正交双转台五轴，结构如图 10-4 所示。非正交双转台五轴机床的结构特点是两个旋转轴都作用于工作台。与标准结构不一样的是，其中一个旋转轴绕标准坐标轴旋转，另一个旋转轴绕着与标准坐标轴成一点角度的轴线旋转。这种结构的五轴机床具有机床刚性好、加工精度高、加工范围紧凑等优点。由于受其物理结构和工作台尺寸的限制，这类五轴机床也是用于加工体积较小的零件。

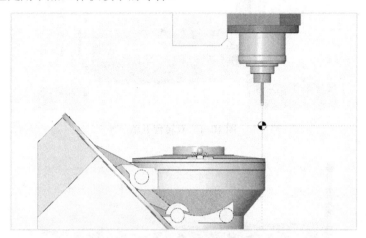

图 10-4　非正交双转台五轴

（5）非正交摆头加转台　非正交摆头加转台五轴，结构如图 10-5 所示，这种结构的五轴机床旋转轴作用于主轴和工作台。与标准结构不一样的是，其中一个旋转轴绕标准坐标轴旋转，另一个旋转轴绕着与标准坐标轴成一定角度的轴线旋转。图 10-5 所示机床，主轴旋转180°就实现立卧转换加工，因此这类五轴适合加工立卧加工中心能加工的零件。

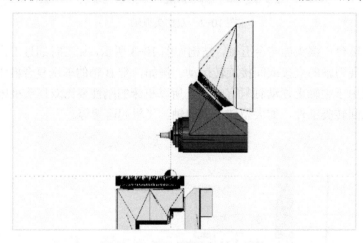

图 10-5　非正交摆头加转台五轴

（6）非正交双摆头　非正交双摆头五轴，结构如图 10-6 所示。这种结构的五轴机床旋转轴都作用于主轴头。与标准结构不一样的是，其中一个旋转轴绕标准坐标轴旋转，另一个旋转轴绕着与标准坐标轴成一定角度的轴线旋转。这种结构机床的主轴刚性要比标准双摆头机床结构要好些，这类五轴机床适合加工体积较大、重量较大的大型工件。

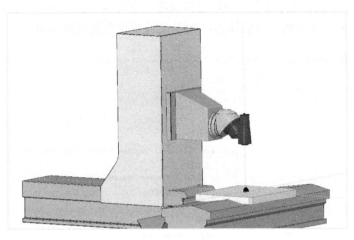

图 10-6　非正交双摆头五轴

2. PST 文件机床类型设置

下面以 Generic FANUC 5X Mill 后处理为例，说明如何在 PST 文件中设置机床类型。

使用文本编辑器打开 Generic FANUC 5X Mill.PST 文件，查找 "#Machine rotary routine settings"，找到下面的代码片段：

```
#Machine rotary routine settings
mtype          : 0        #Machine type (Define base and rotation plane below)
                          #0 = Table/Table
                          #1 = Tilt Head/Table
                          #2 = Head/Head
                          #3 = Nutator Table/Table
                          #4 = Nutator Tilt Head/Table
                          #5 = Nutator Head/Head
```

根据机床类型修改 mtype 变量的初始值。例如，双转台类型可修改 mtype 的初始值为 0，摆头加转台类型可修改 mtype 的初始值为 1，双摆头类型可修改 mtype 的初始值为 2。

> 说明：
>
> 在 Generic FANUC 5X Mill 后处理中，机床类型可以细分为双转台、双摆头、摆头加转台、非正交双转台、非正交双摆头、非正交摆头加转台六类。

10.2　五轴机床旋转轴参数设置

五轴机床一般有两个旋转轴，通常把绕 X 轴旋转的旋转轴称为 A 轴，绕 Y 轴旋转的旋转轴称为 B 轴，绕 Z 轴旋转的旋转轴称为 C 轴。这些旋转轴，有的能 360°回转，有的只能在一定角度范围内摆动。为了方便描述旋转轴的特性，不妨将能 360°回转的旋转轴称为回转轴，将在一定角度范围内摆动的旋转轴称为摆动轴或者倾斜轴。旋转轴一般参数，可通过

图 10-7 所示的"机床定义管理"对话框进行设置，也可以直接在 PST 文件中修改。下面以 Generic FANUC 5X Mill 为例，说明如何在 PST 文件中设置旋转轴参数。

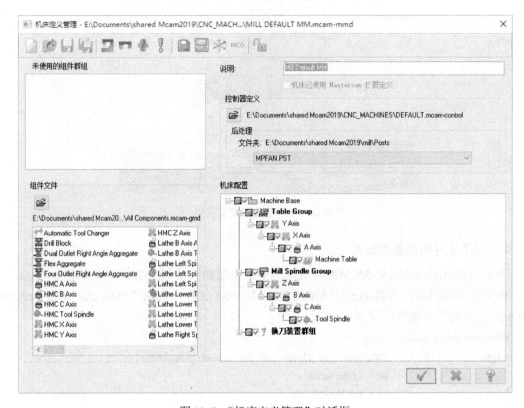

图 10-7 "机床定义管理"对话框

1. 旋转方向和零点设置

使用文本编辑器打开 Generic FANUC 5X Mill.PST 文件，查找"#Primary axis angle description"找到以下代码片段：

```
#Primary axis angle description (in machine base terms)
#With nutating (mtype 3-5) the nutating axis must be the XY plane
rotaxis1$ = vecy   #Zero
rotdir1$   = vecx   #Direction
#Secondary axis angle description (in machine base terms)
#With nutating (mtype 3-5) the nutating axis and this plane normal
#are aligned to calculate the secondary angle
rotaxis2$ = vecz   #Zero
rotdir2$   = vecx   #Direction
```

上述代码中，rotaxis1$表示主要旋转轴的零点位置，rotdir1$表示主要旋转轴的旋转正方向。rotaxis2$表示第二旋转轴的零点位置，rotdir2$表示第二旋转轴的旋转正方向。rotaxis1$、rotdir1$、rotaxis2$、rotdir2$这四个变量可以用 vecx、-vecx、vecy、-vecy、vecz、-vecz 来赋值，vecx、-vecx、vecy、-vecy、vecz、-vecz 变量与坐标轴的对应关系如图 10-8 所示。

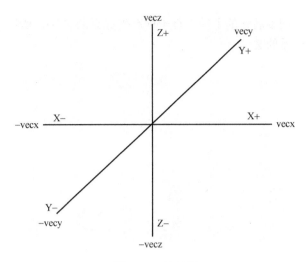

图 10-8　轴矢量

上面介绍了 rotaxis1$、rotdir1$、rotaxis2$、rotdir2$四个变量的作用，我们了解到 rotaxis1$、rotdir1$用来设置主要旋转轴的零点和旋转方向，rotaxis2$、rotdir2$用来设置第二旋转轴的零点和旋转方向。那么，什么是主要旋转轴，什么是第二旋转轴，又如何判断它们呢？

主要旋转轴（Primary axis），指在算法上第一次旋转刀轴矢量所绕的旋转轴。主要旋转轴也称第一旋转轴，在机床上一般是行程范围较大的那个旋转轴。例如，图 10-9 所示 BC 结构摇篮五轴的主要旋转轴是 C 轴。

第二旋转轴（Secondary axis），指在算法上第二次旋转刀轴矢量所绕的旋转轴。第二旋转轴在机床上一般是行程范围较小的那个旋转轴。例如，图 10-9 所示 BC 结构摇篮五轴的第二旋转轴是在一定范围内摆动的 B 轴。

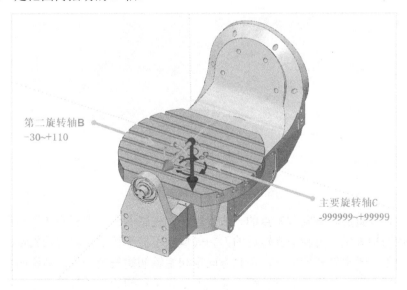

图 10-9　主要旋转和第二旋转

确定好主要旋转轴、第二旋转轴之后，还要观察主轴初始矢量方向。例如，图 10-10 所示立式五轴加工中心,归零后它的主轴平行于标准坐标系的 Z 轴,所以这类机床主轴初始矢量方向是沿着标准坐标系的 Z+方向。

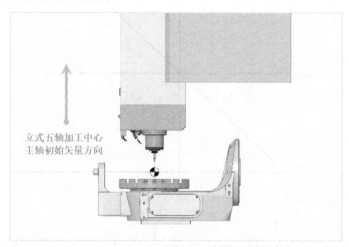

图 10-10 立式五轴加工中心

不同结构的五轴机床,其主轴初始矢量方向可能不一样。例如,图 10-11 所示卧式五轴加工中心,归零后它的主轴平行于标准坐标系的 Y 轴,所以这类机床主轴初始矢量方向是沿着标准坐标系的 Y+方向。

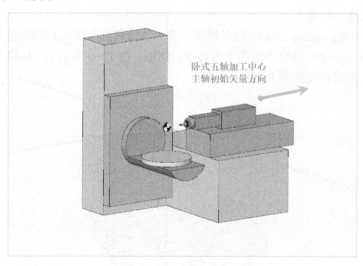

图 10-11 卧式五轴加工中心

综上所述,设置旋转方向和零点的一般步骤是:先试着分配主要旋转轴和第二旋转轴,然后尝试旋转刀轴矢量,再验证旋转后的刀轴矢量能不能平行于主轴初始矢量。如果旋转后的刀轴矢量能平行于主轴初始矢量,并且方向也和主轴初始矢量一致,则说明主要旋转轴和第二旋转轴分配合理。如果怎么旋转都不能使刀轴矢量和初始主轴矢量平行,说明逻辑上无解,也就是主要旋转轴和第二旋转轴分配得不合理。下面以立式五轴加工中心为例,列出有效的旋转方向和零点设置,具体内容见表 10-1。

表 10-1 常见立式五轴加工中心的旋转轴方向和零点设置

机 床 结 构	rotaxis1$	rotdir1$	rotaxis2$	rotdir2$
AC	vecy、-vecy	vecx、-vecx	vecz	vecy、-vecy
AB	vecz	vecx、-vecx	vecz	vecy、-vecy
BC	vecx、-vecx	vecy、-vecy	vecz	vecx、-vecx

观察表 10-1，在表中 AC 结构的 rotaxis1$ 值可设置为 vecy 和-vecy 两个值，这是因为刀轴矢量转换为旋转角度时在算法上有两种解法，可以优先使用正解，也可以优先使用负解。再观察 rotdir1$，它的值也有 vecx 和-vecx 两个值，这是因为旋转轴可以沿着顺时针方向旋转，也可以沿着逆时针方向旋转。所以，我们在设置时，不但要注意主要旋转轴和第二旋转轴分配得是否合理，还要注意矢量的解法，以及旋转轴的旋转方向。下面再举几个常见的例子，详细说明如何在 PST 文件设置旋转方向和零点。

实例 10-1

AC 双转台五轴机床旋转轴的旋转方向和零点设置

一台 AC 结构的双转台五轴机床，其物理结构和旋转轴的旋转正方向如图 10-12 所示。从图中可以观察到：

机床的主轴平行于 Z 轴，主轴初始矢量方向沿着 Z+方向；

沿着 X-方向观察 A 轴旋转正方向是顺时针方向；

沿着 Z-方向观察 C 轴旋转正方向也是顺时针方向。

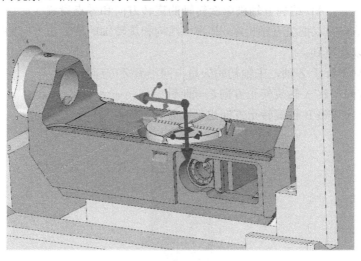

图 10-12 AC 双转台五轴

对于这种结构的五轴机床，可参照表 10-1，按以下步骤进行设置：

步骤 1 确定主要旋转轴和第二旋转轴

主要旋转轴：C 轴

第二旋转轴：A 轴

步骤 2 修改 PST 代码

用文本编辑器查找 "#Primary axis angle"，找到以下代码片段：

```
#Primary axis angle description (in machine base terms)
#With nutating (mtype 3-5) the nutating axis must be the XY plane
rotaxis1$ = vecy    #Zero
rotdir1$  = vecx    #Direction
#Secondary axis angle description (in machine base terms)
#With nutating (mtype 3-5) the nutating axis and this plane normal
#are aligned to calculate the secondary angle
rotaxis2$ = vecz    #Zero
rotdir2$  = vecx    #Direction
```

如果优先输出 A 负角，可以将代码修改为：

```
rotaxis1$ =vecy    #Zero
rotdir1$  = -vecx   #Direction
rotaxis2$ =vecz    #Zero
rotdir2$  = -vecy   #Direction
```

如果优先输出 A 正角，可以将代码修改为：

```
rotaxis1$ =-vecy   #Zero
rotdir1$  = vecx    #Direction
rotaxis2$ =vecz    #Zero
rotdir2$  = -vecy   #Direction
```

实例 10-2

AB 结构五轴机床旋转轴的旋转方向和零点设置

一台 AB 结构的双摆头五轴机床，其物理结构和旋转轴的旋转正方向如图 10-13 所示。从图中可以观察到：

机床的主轴平行于 Z 轴，主轴初始矢量方向沿着 Z+方向；

沿着 X+方向观察 A 轴旋转正方向是顺时针方向；

沿着 Y+方向观察 B 轴旋转正方向也是顺时针方向。

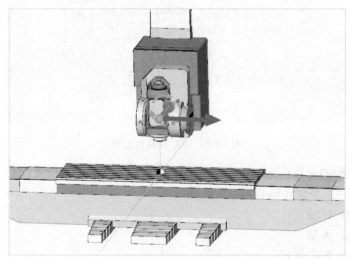

图 10-13　AB 双摆头机床

对于这种结构的五轴机床，可参照表 10-1，按以下步骤进行设置：

步骤 1 确定主要旋转轴和第二旋转轴

主要旋转轴：B 轴

第二旋转轴：A 轴

步骤 2 修改 PST 代码

使用文本编辑器查找"#Primary axis angle description"，找到以下代码片段：

```
#Primary axis angle description (in machine base terms)
#With nutating (mtype 3-5) the nutating axis must be the XY plane
rotaxis1$ = vecy        #Zero
rotdir1$  = vecx        #Direction
#Secondary axis angle description (in machine base terms)
#With nutating (mtype 3-5) the nutating axis and this plane normal
#are aligned to calculate the secondary angle
rotaxis2$ = vecz        #Zero
rotdir2$  = vecx        #Direction
```

将代码修改为：

```
rotaxis1$ =vecz         #Zero
rotdir1$  = vecx        #Direction
rotaxis2$ = vecz        #Zero
rotdir2$  = -vecy       #Direction
```

实例 10-3

BC 机构五轴机床的旋转轴方向和零点设置

一台 BC 结构的双转台五轴机床，其物理结构和旋转轴的旋转正方向如图 10-14 所示。

从图中可以观察到：

机床的主轴平行于 Z 轴，主轴初始矢量方向沿着 Z+方向；

沿着 Y-方向观察 B 轴旋转正方向是顺时针方向；

沿着 Z-方向观察 C 轴旋转正方向也是顺时针方向。

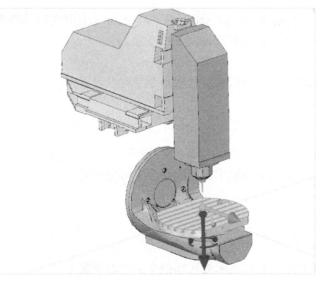

图 10-14　BC 双转台机床

对于这种结构的五轴机床，可参照表 10-1，按以下步骤进行设置：

步骤 1　确定主要旋转轴和第二旋转轴

主要旋转轴：C 轴

第二旋转轴：B 轴

步骤 2　修改 PST 代码

使用文本编辑器查找"#Primary axis angle description"，找到以下代码片段：

```
#Primary axis angle description (in machine base terms)
#With nutating (mtype 3-5) the nutating axis must be the XY plane
rotaxis1$ = vecy     #Zero
rotdir1$  = vecx     #Direction
#Secondary axis angle description (in machine base terms)
#With nutating (mtype 3-5) the nutating axis and this plane normal
#are aligned to calculate the secondary angle
rotaxis2$ = vecz     #Zero
rotdir2$  = vecx     #Direction
```

将代码修改为：

```
rotaxis1$ =vecx      #Zero
rotdir1$  = vecy     #Direction
rotaxis2$ = vecz     #Zero
rotdir2$  = -vecx    #Direction
```

2.　旋转轴指令字设置

使用文本编辑器查找"#Assign axis address"，找到以下代码片段：

```
#Assign axis address
str_pri_axis : "C"
str_sec_axis : "A"
str_dum_axis : "B"
```

在上述代码中，str_pri_axis、str_sec_axis、str_dum_axis 是旋转轴指令字变量，它们分别用来定义主要旋转轴、第二旋转轴和辅助轴指令字。

例如：

图 10-12 所示 AC 结构五轴机床旋转轴指令字可以设置为：

```
#Assign axis address
str_pri_axis : "C"
str_sec_axis : "A"
str_dum_axis : "B"
```

图 10-13 所示 AB 结构五轴机床旋转轴指令字可以设置为：

```
#Assign axis address
str_pri_axis : "B"
str_sec_axis : "A"
str_dum_axis : "C"
```

图 10-14 所示 BC 结构五轴机床旋转轴指令字可以设置为：

```
#Assign axis address
```

str_pri_axis : "C"

str_sec_axis : "B"

str_dum_axis : "A"

3. 连续轴类型设置

五轴机床连续轴类型设置方法，与四轴机床连续轴类型设置方法相似，可以通过图 10-15 所示"机床组件管理-旋转轴"对话框进行设置，也可以直接在 PST 文件中修改。

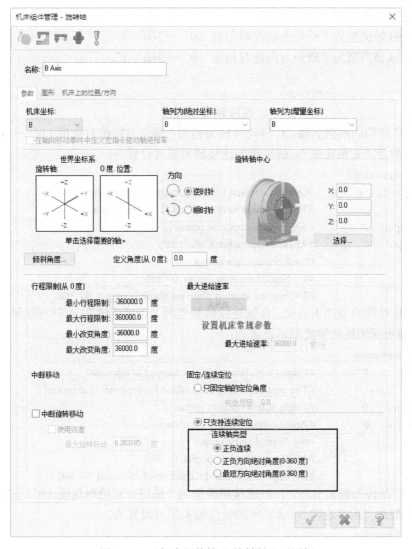

图 10-15 "机床组件管理-旋转轴"对话框

下面介绍在 PST 文件中的连续轴类型的设置方法。

使用文本编辑器，查找"pang_output   : 0"，找到以下代码片段：

```
#Output formatting
top_map     : 0      #Output toolplane toolpaths mapped to top view
                     #The post must have code added for your machine control
```

```
pang_output    : 0        #Angle output options, primary
sang_output    : 0        #Angle output options, secondary
                          #0 = Normal angle output
                          #1 = Signed absolute output, 0 - 360
                          #2 = Implied shortest direction absolute output, 0 - 360
```

在上述代码中，pang_output 用来设置主要旋转轴的连续轴类型，sang_output 用来设置第二旋转轴的连续轴类型，它们的初始值所表示的含义是：

0 表示连续轴类型为"正负连续"；

1 表示连续轴类型为"正负方向绝对角度（0°～360°）；

2 表示连续轴类型为"最短方向绝对角度（0°～360°）"。

实例 10-4

连续轴类型设置

一台 AC 结构的摇篮五轴，C 轴连续轴类型为"最短方向绝对角度（0°～360°）"，A 轴连续轴类型是"正负连续"，该机床的连续轴类型可设置为：

```
#Output formatting
top_map         : 0        #Output toolplane toolpaths mapped to top view
                           #The post must have code added for your machine control
pang_output     : 2        #Angle output options, primary
sang_output     : 0        #Angle output options, secondary
                           #0 = Normal angle output
                           #1 = Signed absolute output, 0 - 360
                           #2 = Implied shortest direction absolute output, 0 - 360
```

一台 AB 结构的双摆头五轴，B 轴连续轴类型为"正负连续"，A 轴连续轴类型是"正负连续"，该机床的连续轴类型可设置为：

```
#Output formatting
top_map         : 0        #Output toolplane toolpaths mapped to top view
                           #The post must have code added for your machine control
pang_output     : 0        #Angle output options, primary
sang_output     : 0        #Angle output options, secondary
                           #0 = Normal angle output
                           #1 = Signed absolute output, 0 - 360
                           #2 = Implied shortest direction absolute output, 0 - 360
```

一台 BC 结构的摇篮五轴，C 轴连续轴类型为"最短方向绝对角度（0°～360°）"，B 轴连续轴类型是"正负连续"，该机床的连续轴类型可设置为：

```
#Output formatting
top_map         : 0        #Output toolplane toolpaths mapped to top view
                           #The post must have code added for your machine control
pang_output     : 2        #Angle output options, primary
sang_output     : 0        #Angle output options, secondary
                           #0 = Normal angle output
                           #1 = Signed absolute output, 0 - 360
                           #2 = Implied shortest direction absolute output, 0 - 360
```

4. 旋转轴行程范围限制

使用文本编辑器，查找"#Rotary axis travel limits, always in terms of normal angle output"，找到以下代码片段：

```
#Rotary axis travel limits, always in terms of normal angle output
#Set the absolute angles for axis travel on primary
pri_limlo$      : -9999
pri_limhi$      : 9999
#Set intermediate angle, in limits, for post to reposition machine
pri_intlo$      : -9999
pri_inthi$      : 9999
#Set the absolute angles for axis travel on secondary
sec_limlo$      : -9999
sec_limhi$      : 9999
#Set intermediate angle, in limits, for post to reposition machine
sec_intlo$      : -9999
sec_inthi$      : 9999
```

在上述代码中，一些变量的含义解释如下：

pri_limlo$表示主要旋转轴绝对旋转角度的最小值；

pri_limhi$表示主要旋转轴绝对旋转角度的最大值；

pri_intlo$表示主要旋转轴重定位时旋转角度的最小值；

pri_inthi$表示主要旋转轴重定位时旋转角度的最大值；

sec_limlo$表示第二旋转轴绝对旋转角度的最小值；

sec_limhi$表示第二旋转轴绝对旋转角度的最大值；

sec_intlo$表示第二旋转轴重定位时旋转角度的最小值；

sec_inthi$表示第二旋转轴重定位时旋转角度的最大值。

实例 10-5

五轴机床旋转轴行程范围设置

图 10-12 所示的 AC 双转台五轴机床，如果 A 轴的行程范围是−110～+110，C 轴的行程范围是−9999～+9999，则旋转轴行程范围可限制为：

```
#Rotary axis travel limits, always in terms of normal angle output
#Set the absolute angles for axis travel on primary
pri_limlo$      : -9999
pri_limhi$      : 9999
#Set intermediate angle, in limits, for post to reposition machine
pri_intlo$      : -9999
pri_inthi$      : 9999
#Set the absolute angles for axis travel on secondary
sec_limlo$      : -110
sec_limhi$      : 110
#Set intermediate angle, in limits, for post to reposition machine
sec_intlo$      : -110
sec_inthi$      : 110
```

图 10-13 所示的 AB 双摆头五轴机床，如果 A 轴的行程范围是-35～+35，B 轴的行程范围是-35～+35，则旋转轴行程范围可限制为：

```
#Rotary axis travel limits, always in terms of normal angle output
#Set the absolute angles for axis travel on primary
pri_limlo$      : -35
pri_limhi$      : 35
#Set intermediate angle, in limits, for post to reposition machine
pri_intlo$      : -35
pri_inthi$      : 35
#Set the absolute angles for axis travel on secondary
sec_limlo$      : -35
sec_limhi$      : 35
#Set intermediate angle, in limits, for post to reposition machine
sec_intlo$      : -35
sec_inthi$      : 35
```

图 10-14 所示的 BC 双摆头五轴机床，如果 B 轴的行程范围是-30～+110，C 轴的行程范围是-9999～+9999，则旋转轴行程范围可限制为：

```
#Rotary axis travel limits, always in terms of normal angle output
#Set the absolute angles for axis travel on primary
pri_limlo$      : -9999
pri_limhi$      : 9999
#Set intermediate angle, in limits, for post to reposition machine
pri_intlo$      : -9999
pri_inthi$      : 9999
#Set the absolute angles for axis travel on secondary
sec_limlo$      : -30
sec_limhi$      : 110
#Set intermediate angle, in limits, for post to reposition machine
sec_intlo$      : -30
sec_inthi$      : 110
```

10.3　双转台机床旋转轴偏置设置

在介绍本节内容之前，先了解一下 RTCP 是什么。RTCP（Rotational Tool Center Point），字面意思是"刀具中心旋转"，业内也称刀尖跟随功能。即旋转轴旋转时控制系统根据机床物理结构、旋转中心偏置数据以及刀具长度，实时对线性轴的运动控制点进行补偿。有 RTCP 功能的最大好处就是 NC 代码容易阅读和理解，并且 NC 代码可以重用。

对于不支持 RTCP 功能的五轴机床，在后处理时就需要对旋转轴的偏置进行补偿。例如，无 RTCP 功能的双转台机床，生成加工程序的一般做法是：先将加工坐标系设定在工件上表面，然后测量出工作坐标系零点位置相对于回转中心的偏差值，再将测量得到的偏差值补偿到后处理中生成加工程序。下面以 Generic FANUC 5X Mill 为例，说明如何在 PST 文件中设置旋转中心的偏置数据。

使用文本编辑器查找"#Axis shift"，找到以下代码片段：

```
#Axis shift
shft_misc_r    : 0        #Read the axis shifts from the misc. reals
#Part programmed where machine zero location is WCS origin-
#Applied to spindle direction, independent of RA
#Table/Table -
#Offset of tables to secondary axis relative to machine base.
#Tilt Head/Table - Head/Head -
#Part programmed at machine zero location-
#Offset in head based on secondary axis relative to machine base.
#Normally use the tool length for the offset in the tool direction
saxisx        : 0        #The axis offset direction?
saxisy        : 0        #The axis offset direction?
saxisz        : 0        #The axis offset direction?
r_intersect   : 0        #Rotary axis intersect on their center of rotations
                         #Determines if the zero point shifts relative to zero
                         #or rotation with axis offset.
#Nutating axis shift, used when calculations are based on mtype 3 or greater
#'top_map' and toolplane tool paths use the axis shifts above, 5 axis use these
n_saxisx      : 0        #The axis offset direction?
n_saxisy      : 0        #The axis offset direction?
n_saxisz      : 0        #The axis offset direction?
n_r_intrsct   : 0        #Rotary axis intersection with nutating (normally zero)
```

在上述代码中，saxisx、saxisy、saxisz 用来设置正交五轴旋转中心偏置值。例如，图 10-16 所示装夹情况，假设工作坐标系零点和旋转中心在 X 方向上的偏置距离为 0，在 Y 方向上的偏置距离为 0，在 Z 方向上的偏置距离为 100，则旋转中心的偏置值可以设置为：

```
saxisx        : 0        #The axis offset direction?
saxisy        : 0        #The axis offset direction?
saxisz        : -100     #The axis offset direction?
```

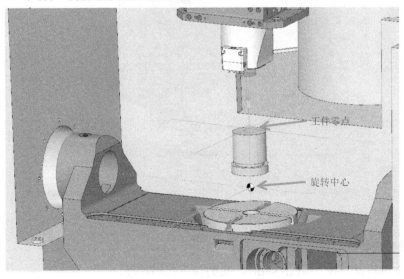

图 10-16　旋转中心偏置

图 10-16 所示工件，如果装夹位置发生了改变，就需要再次测量工作坐标系零点到旋转中心的偏差值，在生成程序前同样需要再次修改 saxisx、saxisy、saxisz 的数值。这样操作就显得不方便，那么有没有更好的办法呢？其实，我们可以使用杂项变量 mr7~mr9 设置旋转中心偏置值，具体的操作方法是：

使用文本编辑器，查找"shft_misc_r : 0   #Read the axis shifts from the misc. reals"，将"shft_misc_r : 0"修改为"shft_misc_r : 1"，即启用杂项变量 mr7~mr9 设置旋转中心偏置功能。这样在编程时就可以将 X 偏置值输入到 mr7 中，Y 偏置值输入到 mr8 中，Z 偏置值输入到 mr9 中。还以图 10-16 为例，假设工作坐标系零点和旋转中心在 X 方向上的偏置距离为 0，在 Y 方向上的偏置距离为 0，在 Z 方向上的偏置距离为 100，则编程时 mr7~mr9 的数值可设置为：

mr7=0

mr8=0

mr9=−100

10.4 摆头机床刀具长度补偿设置

摆头五轴机床，如果控制系统不支持 RTCP 功能，除了需要对旋转轴的偏置进行补偿外，还需要对每把刀的刀具长度进行补偿。例如，对于图 10-17 所示双摆头机床，生成加工程序的做法是：将加工坐标系设定在工件上表面，然后测量出旋转中心到刀尖的距离，再将旋转中心到刀尖的距离输入到刀具长度补偿中，最后生成加工程序。下面以 Generic FANUC 5X Mill 为例，说明如何在 PST 文件中设置刀具长度补偿。

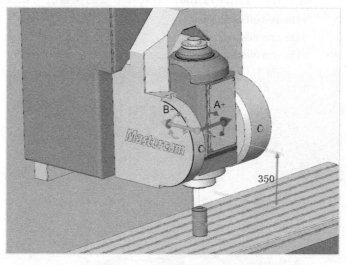

图 10-17　双摆头机床刀具长度补偿

1. 双摆头旋转中心偏置设置

使用文本编辑器查找"#Axis shift"，找到以下代码片段：

#Axis shift

```
shft_misc_r     : 0      #Read the axis shifts from the misc. reals
#Part programmed where machine zero location is WCS origin-
#Applied to spindle direction, independent of RA
#Table/Table -
#Offset of tables to secondary axis relative to machine base.
#Tilt Head/Table - Head/Head -
#Part programmed at machine zero location-
#Offset in head based on secondary axis relative to machine base.
#Normally use the tool length for the offset in the tool direction
saxisx          : 0      #The axis offset direction?
saxisy          : 0      #The axis offset direction?
saxisz          : 0      #The axis offset direction?
```

修改 saxisz 的初始值为 0，将旋转 Z 向补偿设置为 0。

2. 刀具长度补偿设置

使用文本编辑器查找 "#Tool length, typically for head/head machine"，找到以下代码片段：

```
#Tool length, typically for head/head machine, both set to zero disables
#Applied to the tool length, RA applies this along the tool
drluseclr       : 0      #Use Drill Clearance Plane at start/end -
                         #Read from toolpath parameters
use_tlength     : 0      #Use tool length, read from tool overall length
                         #0=Use 'toollength' var, 1=Mastercam OAL, 2=Prompt
toollength      : 0      #Tool length if not read from overall length
shift_z_pvt     : 0      #Shift Z by tool length, head/head program to pivot (Z axis only)
                         #0=Pivot, 1=Pivot-Z, 2=Tool Tip Programming (without zero length)
                         #Option 2, So we can still take advantage of brk_mv_head feature
add_tl_to_lim   : 0      #Add tool length after intersecting limit, always
                         #on if limit from stock
```

找到上述代码后，按下以下步骤修改刀具长度补偿设置：

步骤 1　设置 shift_z_pvt 初始值

设置 "shift_z_pvt" 初始值为 "1"。完成设置后，系统会以旋转中心为基点，补偿刀具长度并计算坐标，再将 Z 轴坐标减去刀具长度后输出坐标。

步骤 2　设置 use_tlength 初始值

设置 "use_tlength" 初始值为 "2"。完成设置后，在生成程序时系统会弹出图 10-18 所示对话框，提示用户输入旋转中心到刀尖的距离，当输入补偿数据后就可以对当前刀具长度进行补偿了。

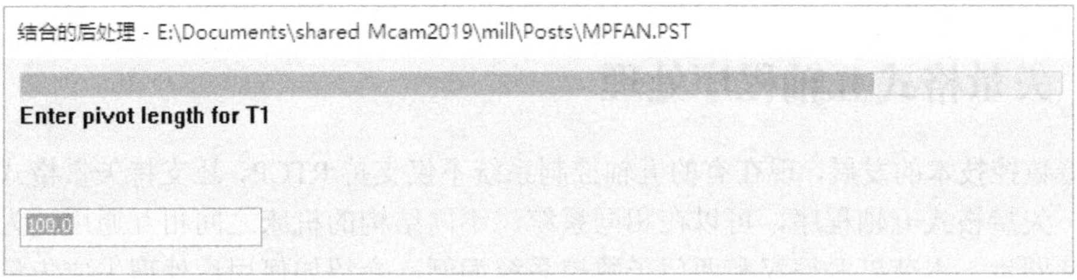

图 10-18　输入刀具长度

说明：

1）shift_z_pvt 用于设置刀具长度补偿的应用方式。shift_z_pvt 等于 0 表示以旋转中心为基点，补偿刀具长度并计算输出坐标；shift_z_pvt 等于 1 表示以旋转中心为基点，补偿刀具长度并计算坐标，再将 Z 轴坐标减去刀具长度后输出坐标；shift_z_pvt 等于 2 表示不使用刀具长度补偿。

2）use_tlength 用于设置读取刀具长度的方式。use_tlength 等于 0 表示使用 toollength 设置的刀具长度，等于 1 表示使用 "Mastercam 刀具管理" 对话框中设置的刀具长度，等于 2 表示使用用户输入的刀具长度。

3）use_tlength 一般不设置为 0，这是因为实际加工中很少用一把刀具来完成所有工步的加工。即使这样，当刀具磨损时刀具长度值也会发生变化，所以在实际应用中通常将 use_tlength 的值设置为 "1" 或 "2"。

4）当 use_tlength 的值等于 1 时，后处理读取的刀具长度是编程时刀具管理中设置刀具长度。例如，图 10-19 所示锥度刀在后处理时，后处理读取的刀具长度为 121.267。

5）当 use_tlength 的值等于 2 时，后处理从交互对话框中读取用户输入的刀具长度。注意，这里输入的刀具长度与机床零点偏置和旋转中心的设置都相关。如果零点偏置设置在工件上表面，可以将旋转中心到刀尖的距离作为刀具长度。如果零点偏置设置在旋转中心，则无须加上旋转中心到鼻端的距离，直接输入刀具长度即可。

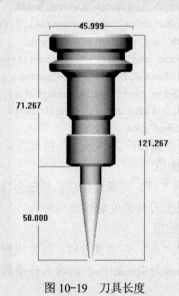

图 10-19　刀具长度

10.5　矢量格式五轴程序处理

随着数控技术的发展，现在有的五轴控制系统不仅支持 RTCP，还支持矢量格式程序处理功能。矢量格式五轴程序，可以在相同系统、不同结构的机床之间相互通用。为了和新技术保持同步，本节以海德汉和西门子数控系统为例，介绍如何用后处理生成矢量格式五轴程序。

1. 矢量格式五轴程序

矢量格式五轴程序，就是采用刀轴矢量来描述加工运动的五轴程序。其程序格式一般由线性轴插补坐标和刀轴矢量构成。这种程序在执行时，控制系统会根据机床的物理结构自动计算旋转轴的旋转角度。例如，下面的 NC 程序在编制时采用了矢量格式：

……

LN X+6.56 Y-25.793 Z-22.5024 TX+0.1195334 TY+0.1363491 TZ+0.9834229 F763.6

LN X+6.5504 Y-25.3265 Z-22.5228 TX+0.1169002 TY+0.1332099 TZ+0.9841694

LN X+6.5418 Y-24.8368 Z-22.5448 TX+0.1140251 TY+0.1299047 TZ+0.9849482

LN X+6.5349 Y-24.3225 Z-22.5676 TX+0.1110255 TY+0.1264458 TZ+0.9857407

LN X+6.5292 Y-23.7825 Z-22.5917 TX+0.1078537 TY+0.1228176 TZ+0.9865513

……

2. 海德汉系统矢量格式程序处理

实例 10-6

海德汉系统矢量格式程序处理

在 iTNC530 控制系统中，矢量程序的一般格式是：LN X Y Z TX TY TZ F。

其中，LN 表示具有 3D 补偿的线性插补；X、Y、Z 分别是三个线性轴的插补终点坐标；TX、TY、TZ 分别表示刀轴矢量在 X、Y、Z 三个坐标轴上的分量，F 为进给速度，如图 10-20 所示。

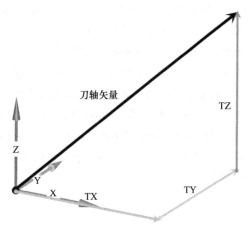

图 10-20　刀轴矢量

【解题思路】 先声明输出变量，然后将 x$、y$、z$、vtoolx$、vtooly$、vtoolz$ 的值赋给输出变量，最后在 pmx 后处理块中输出变量。

编写程序：

[POST_VERSION] #DO NOT MOVE OR ALTER THIS LINE# V21.00 P0 E1 W21.00 T1505932387

M21.00 I0 O1

#代码源文件:源代码/第 10 章/10.5 矢量格式五轴程序处理/heidenhain_vector.pst

fs 1 +1.3l　　　　　　　　#定义数字格式

fs 2 +1.7lt

fs 3 1.1l

fmt　"X" 1 xout　　　　　　#声明和格式化变量

```
        fmt    "Y"  1 yout
        fmt    "Z"  1 zout
        fmt    "TX"  2 tx
        fmt    "TY"  2 ty
        fmt    "TZ"  2 tz
        fmt    "F"    3 feed
        sln: "LN"                    #声明字符串变量
        sfmax:"FMAX"
        pfeed                        #自定义后处理块
            if fr$=-2,sfmax
            if fr$>-1,feed=fr$,feed
        pmx0$                        #计算输出变量值
            xout= vequ(x$)
            tx=vequ(vtoolx$)
        pmx$                         #输出矢量格式五轴程序
            sln,*xout,*yout,*zout,*tx,*ty,*tz,pfeed,e$
```

代码分析：

1）上述代码，先定义了 3 种数字格式，fs 1+1.4l 语句表示输出符号、保留 1 位整数和 4 位小数，当整数位不足 1 位时用前导零补足位数。fs 2+1.7lt 语句表示输出符号、保留 1 位整数和 7 位小数，当整数位和小数位不足位时用零补足位数。fs 3 1.1l 语句表示保留 1 位整数和 1 位小数，当整数位不足 1 位时用前导零补足位数。

2）xout～feed 为输出变量。fmt   "X" 1 xout 等语句是声明与格式化变量语句。

3）pmx0 是准备输出后处理块，在这个系统块中可以计算输出变量值，vequ 为矢量复制函数。xout= vequ(x$)语句表示将 X、Y、Z 的坐标复制给输出变量 xout、yout、zout。tx=vequ(vtoolx$)语句表示将 vtoolx$、vtooly$、vtoolz$的数据复制给输出变量 tx、ty、tz。

4）pmx$为五轴处理块。sln,*xout,*yout,*zout,*tx,*ty,*tz,pfeed,e$语句表示输出 LN、插补坐标、刀轴矢量和进给速度。其中进给速度是调用 pfeed 块处理的，当 fr=-2 时输出快速进给，当 fr>-1 时输出切削进给。

运行结果：

……

LN X+6.56 Y-25.793 Z-22.5024 TX+0.1195334 TY+0.1363491 TZ+0.9834229 F763.6
LN X+6.5504 Y-25.3265 Z-22.5228 TX+0.1169002 TY+0.1332099 TZ+0.9841694
LN X+6.5418 Y-24.8368 Z-22.5448 TX+0.1140251 TY+0.1299047 TZ+0.9849482
LN X+6.5349 Y-24.3225 Z-22.5676 TX+0.1110255 TY+0.1264458 TZ+0.9857407
LN X+6.5292 Y-23.7825 Z-22.5917 TX+0.1078537 TY+0.1228176 TZ+0.9865513
LN X+6.5257 Y-23.2155 Z-22.6171 TX+0.1044838 TY+0.1190140 TZ+0.9873798
LN X+6.5248 Y-22.62 Z-22.6438 TX+0.1009449 TY+0.1150338 TZ+0.9882193
LN X+6.5264 Y-21.9948 Z-22.6718 TX+0.0972024 TY+0.1108623 TZ+0.9890709
LN X+6.5309 Y-21.3382 Z-22.7013 TX+0.0932460 TY+0.1064925 TZ+0.9899316
LN X+6.539 Y-20.6487 Z-22.7323 TX+0.0890634 TY+0.1019161 TZ+0.9907981
LN X+6.5512 Y-19.9248 Z-22.7648 TX+0.0846450 TY+0.0971258 TZ+0.9916662

LN X+6.5681 Y-19.1645 Z-22.799 TX+0.0799850 TY+0.0921140 TZ+0.9925308

LN X+6.5904 Y-18.3662 Z-22.835 TX+0.0750543 TY+0.0868698 TZ+0.9933884

LN X+6.6187 Y-17.528 Z-22.8728 TX+0.0698384 TY+0.0813842 TZ+0.9942330

LN X+6.6538 Y-16.6478 Z-22.9125 TX+0.0643210 TY+0.0756478 TZ+0.9950579

LN X+6.6966 Y-15.7235 Z-22.9542 TX+0.0585014 TY+0.0696527 TZ+0.9958544

……

说明:

1）矢量格式程序也存在一定的局限性，这是因为矢量程序在执行时，控制系统要根据矢量计算出旋转轴的旋转角度，这样就增加了控制系统的运算负担，所以节点越密的矢量程序，控制系统的运算负担就越重，执行起来可能会出现不流畅的现象。

2）矢量转换为角度时，一般有正负两种解法。矢量程序执行时，怎样选择旋转轴角度的解法完全取决于控制系统的设置。如果控制系统设置不恰当，可能会产生加工碰撞或过切的风险。

3）如图 10-21 所示，奇异点处刀轴矢量转换成旋转角度有无穷多个解法。矢量程序在奇异点处的旋转角度需要控制系统特殊处理，如果控制系统处理不恰当，也有可能产生风险。

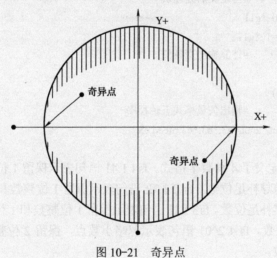

图 10-21 奇异点

3. 西门子系统矢量格式程序处理

实例 10-7

西门子系统矢量格式程序处理

在 SINUMERIK 840D sl 控制系统中,矢量程序的一般格式是: G X Y Z A3= B3= C3= F。

其中，G 表示插补类型；X、Y、Z 分别是三个线性轴的插补终点坐标；A3=、B3=、C3=分别表示刀轴矢量在 X、Y、Z 三个坐标轴上的分量。

【解题思路】 先声明输出变量，然后将 x$、y$、z$、vtoolx$、vtooly$、vtoolz$的值赋给输出变量，最后在 pmx 后处理块中输出变量。

编写程序:

[POST_VERSION] #DO NOT MOVE OR ALTER THIS LINE# V21.00 P0 E1 W21.00 T1505932387

```
M21.00 I0 O1
#代码源文件:源代码/第 10 章/10.5 矢量格式五轴程序处理/siemens_vector.pst
fs 1 1.4l                    #定义数字格式
fs 2 1.7lt
fs 3 1.1l
fs 4 2^0l
fmt   "X" 1 xout            #声明和格式化变量
fmt   "Y" 1 yout
fmt   "Z" 1 zout
fmt   "A3=" 2 a3
fmt   "B3=" 2 b3
fmt   "C3=" 2 c3
fmt   "F"   3 feed
fmt   "G"   4  g11
pfeed                       #自定义后处理块
    if fr$>-1,feed=fr$,feed
psg11                       #自定义后处理块
    if fr$=-2,   g11=0 ,*g11
    if fr$>=-1,  g11=1 ,*g11
pmx0$                       #计算输出变量值
    xout= vequ(x$)
    a3=vequ(vtoolx$)
pmx$                        #输出矢量格式五轴程序
    psg11,*xout,*yout,*zout,*a3,*b3,*c3,pfeed,e$
```

代码分析:

1)上述代码,先定义了 4 种数字格式。fs 1 1.4l 语句表示保留 1 位整数和 4 位小数,当整数位不足 1 位时用前导补足位数。fs 2 1.7lt 语句表示保留 1 位整数和 7 位小数,当整数位和小数位不足位时用零补足位数。fs 3 1.1l 语句表示保留 1 位整数和 1 位小数,当整数位不足 1 位时用前导零补足位数。fs 4 2^0l 语句表示忽略小数点,保留 2 位整数,当整数位不足 2 位时用前导零补足位数。

2)xout~g11 为输出变量。fmt "X" 1 xout 等语句是声明与格式化变量语句。

3)pmx0 是准备输出后处理块,在这个系统块中可以计算输出变量值,vequ 为矢量复制函数。xout= vequ(x$)语句表示将 X、Y、Z 的坐标复制给输出变量 xout、yout、zout。a3=vequ(vtoolx$)语句表示将 vtoolx$、vtooly$、vtoolz$的数据复制给输出变量 a3、b3、c3。

4)pmx$为五轴处理块。psg11,*xout,*yout,*zout,*a3,*b3,*c3,pfeed,e$语句表示输出 G 代码、插补坐标、刀轴矢量和进给速度。其中进给速度是调用 pfeed 块处理的,当 fr>-1 时输出切削进给速度。

运行结果:

......

G00 X13.7419 Y-22.9038 Z20. A3=0.1195334 B3=0.1363491 C3=0.9834229
G00 X13.7419 Y-22.9038 Z-1.4133 A3=0.1195334 B3=0.1363491 C3=0.9834229

```
G00 X12.5465 Y-24.2673 Z-11.2475 A3=0.1195334 B3=0.1363491 C3=0.9834229
G01 X11.3512 Y-25.6308 Z-21.0817 A3=0.1195334 B3=0.1363491 C3=0.9834229 F381.8
G01 X6.56 Y-25.793 Z-22.5024 A3=0.1195334 B3=0.1363491 C3=0.9834229 F763.6
G01 X6.5504 Y-25.3265 Z-22.5228 A3=0.1169002 B3=0.1332099 C3=0.9841694
G01 X6.5418 Y-24.8368 Z-22.5448 A3=0.1140251 B3=0.1299047 C3=0.9849482
G01 X6.5349 Y-24.3225 Z-22.5676 A3=0.1110255 B3=0.1264458 C3=0.9857407
G01 X6.5292 Y-23.7825 Z-22.5917 A3=0.1078537 B3=0.1228176 C3=0.9865513
G01 X6.5257 Y-23.2155 Z-22.6171 A3=0.1044838 B3=0.1190140 C3=0.9873798
……
```

10.6　本章小结

本章通过实例介绍了五轴机床类型、旋转轴参数、旋转中心偏置、刀具长度补偿设置方法，也介绍了矢量格式五轴程序的处理方法。本章内容旨在使读者理解五轴机床类型和旋转轴参数的设置方法，掌握不带 RTCP 机床的旋转轴偏置和刀具长度补偿的设置方法，理解矢量格式五轴程序的处理方法。

附录 常用字符与 ASCII 码对照表

十 进 制	控 制 字 符	十 进 制	控 制 字 符	十 进 制	控 制 字 符	十 进 制	控 制 字 符
0	NUL	32	(Space)	64	@	96	`
1	SOH	33	!	65	A	97	a
2	STX	34	"	66	B	98	b
3	ETX	35	#	67	C	99	c
4	EOT	36	$	68	D	100	d
5	ENQ	37	%	69	E	101	e
6	ACK	38	&	70	F	102	f
7	BEL	39	'	71	G	103	g
8	BS	40	(	72	H	104	h
9	HT	41	)	73	I	105	i
10	LF	42	*	74	J	106	j
11	VT	43	+	75	K	107	k
12	FF	44	,	76	L	108	l
13	CR	45	−	77	M	109	m
14	SO	46	.	78	N	110	n
15	SI	47	/	79	O	111	o
16	DLE	48	0	80	P	112	p
17	DCI	49	1	81	Q	113	q
18	DC2	50	2	82	R	114	r
19	DC3	51	3	83	S	115	s
20	DC4	52	4	84	T	116	t
21	NAK	53	5	85	U	117	u
22	SYN	54	6	86	V	118	v
23	ETB	55	7	87	W	119	w
24	CAN	56	8	88	X	120	x
25	EM	57	9	89	Y	121	y
26	SUB	58	:	90	Z	122	z
27	ESC	59	;	91	[	123	{
28	FS	60	<	92	\	124		
29	GS	61	=	93	]	125	}
30	RS	62	>	94	^	126	~
31	US	63	?	95	_	127	DEL

参 考 文 献

[1] 杨生. 基于 UG 的 Heidenhain 控制系统后处理优化技术[J]. 组合机床与自动化加工技术，2008（09）：52-55.

[2] 邓奕，彭浩舸，谢骐. CAM 后置处理技术研究现状与发展趋势[J]. 湖南工程学院学报，2003（04）：46-49.

[3] 刘黎. 基于特征的飞机结构件在线检测数据自动生成技术[D]. 南京：南京航空航天大学，2010.

参考文献